安徽省高等学校“十二五”省级规划教材

计算机应用基础实训教程

魏仕民 主编

宫纪明 徐 辉 李 振 方 伟 副主编

中国铁道出版社有限公司
CHINA RAILWAY PUBLISHING HOUSE CO., LTD.

内容简介

本书是《计算机应用基础》（魏仕民主编，中国铁道出版社出版）的配套实训辅导书。全书分为两部分：第一部分为实训指导，针对教材各章中的内容，精选 16 个实训，内容包括计算机基本操作、Windows 7 操作系统、Word 2010 文字处理、Excel 2010 表格处理、PowerPoint 2010 演示文稿制作、计算机多媒体基础、计算机网络基础与 Internet 的应用等；第二部分为强化练习题及参考答案。附录中介绍全国高等学校（安徽考区）计算机水平考试《计算机应用基础》教学（考试）大纲和机试样题。

本书内容全面、深入浅出，既有基本操作实训，也有取材新颖的案例实训，同时提供了大量的练习题，有利于学生掌握必要的计算机基础知识和必备操作技能。适合作为高等院校本科非计算机专业和高职高专各专业计算机应用基础课程的实训指导教材，也可作为一般读者自学或社会培训教材。

图书在版编目（CIP）数据

计算机应用基础实训教程/魏仕民主编. —北京：中国铁道出版社，2015.8（2021.8 重印）

安徽省高等学校“十二五”省级规划教材

ISBN 978-7-113-20823-3

Ⅰ. ①计… Ⅱ. ①魏… Ⅲ. 电子计算机-高等学校-教材

Ⅳ. ①TP3

中国版本图书馆 CIP 数据核字（2015）第 186359 号

书　　名：计算机应用基础实训教程
作　　者：魏仕民

策　　划：翟玉峰　　　　**编辑部电话：**（010）83517321
责任编辑：翟玉峰　贾淑媛
封面设计：付　巍
封面制作：白　雪
责任校对：王　杰
责任印制：樊启鹏

出版发行：中国铁道出版社有限公司（100054，北京市西城区右安门西街 8 号）
网　　址：http://www.tdpress.com/51eds/
印　　刷：中煤（北京）印务有限公司
版　　次：2015 年 8 月第 1 版　　2021 年 8 月第 8 次印刷
开　　本：787 mm×1 092 mm　1/16　**印张：**11.5　**字数：**280 千
印　　数：21 701～25 700 册
书　　号：ISBN 978-7-113-20823-3
定　　价：24.00 元

前言

FOREWORD

本书是与安徽省高等学校“十二五”省级规划教材《计算机应用基础》（魏仕民主编）相配套的实训指导教材，按照全国高等学校（安徽考区）计算机水平考试《计算机应用基础》教学（考试）大纲编写，依据主教材内容，本书同步设计了16个实训项目。

本书的出发点和目标就是使学生在学习《计算机应用基础》每一个章节之后，再经过相应实训项目的训练和习题的练习，让学生快速轻松地理解和掌握计算机的基础理论、基本知识和基本操作技能。经过本书相关案例实训项目的训练和对办公软件应用的熟练，使学生具备运用所学知识和基本技能解决实际问题的方法和能力，从而适应未来工作岗位所要求的计算机应用能力。

本书的特点：密切配合主教材，由浅入深，在巩固主教材学习的基础上又有所提高；每个实训目的明确，内容实用，步骤详尽清晰，图文并茂；大量练习题覆盖了该课程所必需的知识点，强化学生对基础理论和基本知识的理解和掌握，达到与实践能力有机结合的学习效果。

本书共分为两部分，具体内容如下：

第一部分：实训指导。该部分内容包括计算机基本操作实训(实训1)、Windows 7操作系统及应用实训(实训2～实训4)、Word 2010操作与应用实训(实训5～实训7)、Excel 2010操作与应用实训(实训8～实训11)、PowerPoint 2010操作与应用实训(实训12～实训14)、多媒体应用工具实训(实训15)、计算机网络与Internet的应用(实训16)。每个实训项目包括实训目的和操作步骤，具有很强的可操作性。

第二部分：强化练习题及参考答案。该部分收集了大量的习题，题型丰富，内容和知识点覆盖全面，有利于理解和掌握基本知识和基础理论。

附录部分包括全国高等学校（安徽考区）计算机水平考试《计算机应用基础》教学（考试）大纲和机试样题。

本书由魏仕民任主编，官纪明、徐辉、李振、方伟任副主编。在编写过程中，我们阅读和引用了有关专家、学者的研究成果，也得到了中国铁道出版社的大力支持，在此，谨向他们表示诚挚的谢意。

由于时间仓促，加上水平有限，书中难免有不妥之处，敬请广大读者批评指正。

编　者

2015年6月

前言

目　录

CONTENTS

第一部分　实 训 指 导

第二部分 强化练习题及参考答案

第一部分

实 训 指 导

该部分内容包括计算机基本操作实训（实训 1）、Windows 7 操作系统及应用实训（实训 2 ~ 实训 4）、Word 2010 操作与应用实训（实训 5 ~ 实训 7）、Excel 2010 操作与应用实训（实训 8 ~ 实训 11）、PowerPoint 2010 操作与应用实训（实训 12 ~ 实训 14）、多媒体应用工具实训（实训 15）、计算机网络与 Internet 的应用（实训 16）。每个实训都具有很强的可操作性。

实训1

鼠标、键盘的基本操作与指法练习

【实训目的】

1. 掌握鼠标的基本操作。
2. 了解键盘的组成，掌握基准键位和指法分区。
3. 了解一些特殊键的功能。

1.1 鼠标的基本操作

1. 指向

指向：移动鼠标，使鼠标指针定位到某个对象上的操作。

2. 单击

单击：分为左键单击和右键单击两种。左键单击是指击打鼠标左键一次，其作用是选中目标或取消选择。右键单击是指击打鼠标右键一次，其作用是选中目标并且弹出快捷菜单。

3. 双击

双击：是指连续击打鼠标左键两次，而且这两次间隔必须稍微短一点。

4. 拖放

拖放：由拖和放两个动作组成，先把鼠标移到要移动的对象上，按住鼠标左键不放，拖到目标位置后，释放鼠标左键即可，其作用是移动一个对象。

【练一练】

①将鼠标指向“计算机”图标。

②双击“计算机”图标，打开“计算机”窗口。

③如果窗口处于最大化状态，单击“还原”按钮将窗口还原到一定大小。

④将鼠标指针移到窗口的标题栏，按住鼠标左键拖动窗口，改变窗口的位置。

⑤将鼠标指针指向窗口工作区的空白处并右击，打开快捷菜单。

⑥将鼠标指针指向窗口工作区的空白处并单击，关闭所打开的快捷菜单。

⑦单击“关闭”按钮，关闭“计算机”窗口。

1.2 键盘的基本操作

1. 键盘的组成、基准键位和指法分区

对照键盘实物，查看键盘的布局。分清主键盘区、小键盘区（数字键盘区）、编辑键区（光标控制键区）和功能键区。键盘的分区如图 1.1 所示。

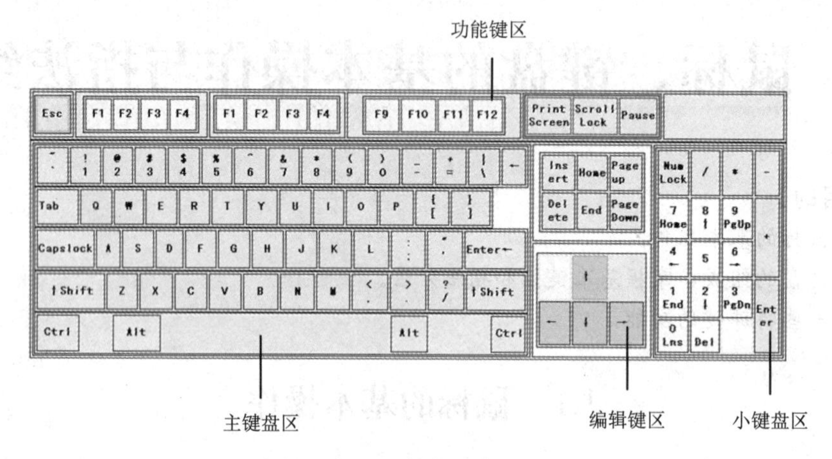

图 1.1 键盘的分区

（1）基准键位和指法分区

击键前，手指放在 8 个基准键位（【A】【S】【D】【F】【J】【K】【L】【；】）上，两个拇指放在空格键上。基准键位如图 1.2 所示。指法分区如图 1.3 所示。

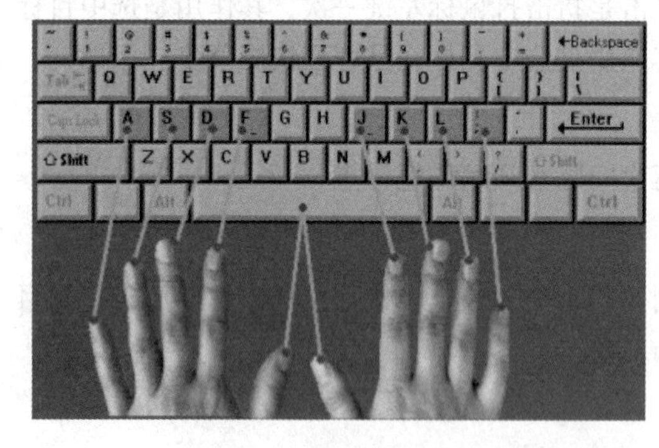

图 1.2 基准键位图

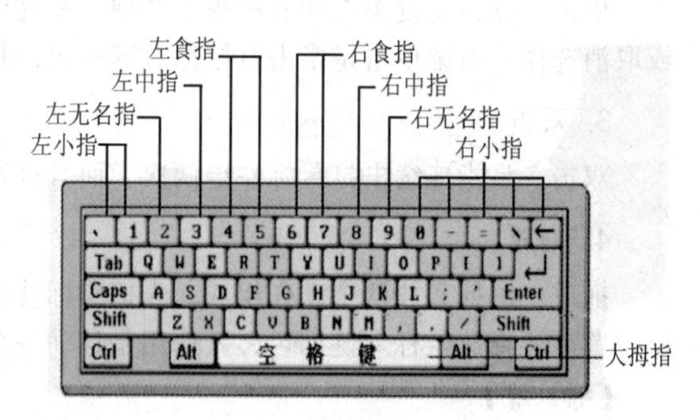

图 1.3 指法分区

（2）击键姿势和击键要求

击键姿势：使用键盘首先必须注意的是击键的姿势。若姿势不当，就不能准确、快速地输入，而且容易疲劳。正确的姿势如图 1.4 所示。

图 1.4 击键姿势

①身体正对键盘，坐姿端正，腰挺直，双脚自然落地。

②肩放松，两手自然弯曲，轻放在基准键位上，上臂和肘不要远离身体，手臂以及腕部均不可压在键盘或桌上，应自然悬垂。

③座位高度要适中，人体与键盘的距离以两手刚好放在基准键位上为准。

击键要求主要有：

①击键时两眼看屏幕或原稿，不准看键盘。

②八个手指自然弯曲，轻轻放在基准键位上，两手拇指轻放在空格键上。

③手腕要平直，手臂不动，全部动作只限于手指部分。

④以指尖击键，瞬间发力，触键后立即反弹，并返回基准键位。

⑤击键要轻，节奏均匀。

⑥使用上挡键及空格键时左右手要配合使用。

2. 一些特殊键的功能

Shift 上挡键：键盘上有些键标有两个符号，按住 Shift 键再击双字符健，得出该键上面的符号。

Capslock 大写字母锁定键：大写或小写字母的切换键。

Enter 回车键：按下此键表示结束一行文字或命令的输入。

Esc 后悔键：一般约定为取消当前操作。与此键相反，通常用回车键作肯定回答。

Ctrl 控制键：与其他键组合，实现一些控制功能。

Alt 变换选择键：与其他键组合使用。

← Backspace 退格键：删除光标前面一个字符。

← → ↑ ↓ 箭头键：光标左移或右移一个字符的位置，上移或下移一行。

Home 键：光标移到一行文字之首。

End 键：光标移到一行文字之尾。

Page UP 键：屏幕上的文字上翻一页。

Page Down 键：屏幕上的文字下翻一页。

Num Lock 键：用来控制小键盘的功能。按一下（键盘右上角 Num Lock 灯亮），小键盘上的键按下得出数字，再按一下 Num Lock 键，指示灯灭，小键盘作光标控制键使用。

Pause Break 键：此键单独按下，暂停程序运行。与 Ctrl 键配合则中断程序运行。

1.3 金山打字通 2013

金山打字通（Type Easy）是教育系列软件之一，是一款功能齐全、数据丰富、界面友好、集打字练习和测试于一体的打字软件。金山打字通 2013 支持五笔打字、拼音打字、中文打字、指法练习、打字速度测试、独特的任务关卡模式，助零基础用户轻松成为打字高手。针对用户水平定制个性化的练习课程，每种输入法均从易到难提供单词（音节、字根）、词汇以及文章，循序渐进练习，并且辅以打字游戏，可以使你短时间运指如飞。

1. 英文打字练习

【操作步骤】

（1）双击桌面上的“金山打字通”图标，启动金山打字通 2013 软件，如图 1.5 所示。

（2）单击“英文打字”导航按钮，进入英文打字选择界面。

（3）选择“单词练习”或“语句练习”或“文章练习”中的任意选项，开始英文打字练习。

如单击“文章练习”，进入图 1.6 所示的练习界面。

图 1.5 金山打字通 2013 软件主界面

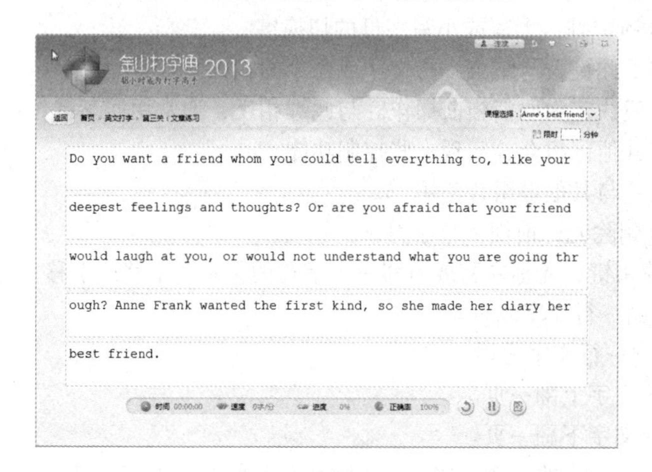

图 1.6 金山打字通英文文章打字练习

2. 汉字拼音打字练习

【操作步骤】

（1）单击图 1.5 中“拼音打字”选项，进入拼音打字选项界面，如图 1.7 所示。

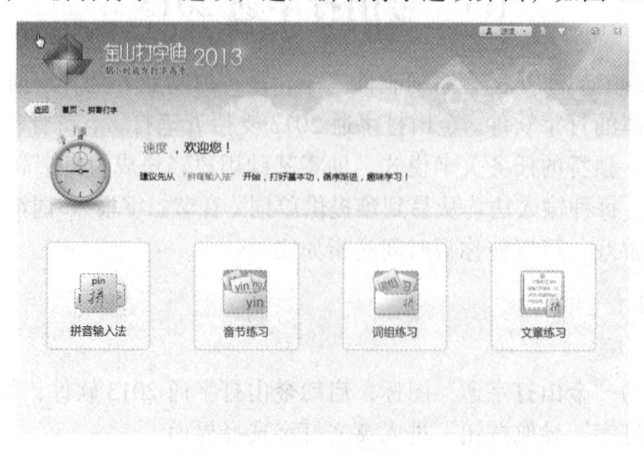

图 1.7 金山打字通拼音打字选项

（2）选择“音节练习”或“词组练习”或“文章练习”中的任意选项，进入汉字打字练习。如选择“文章练习”，则进入图 1.8 所示的练习模式。

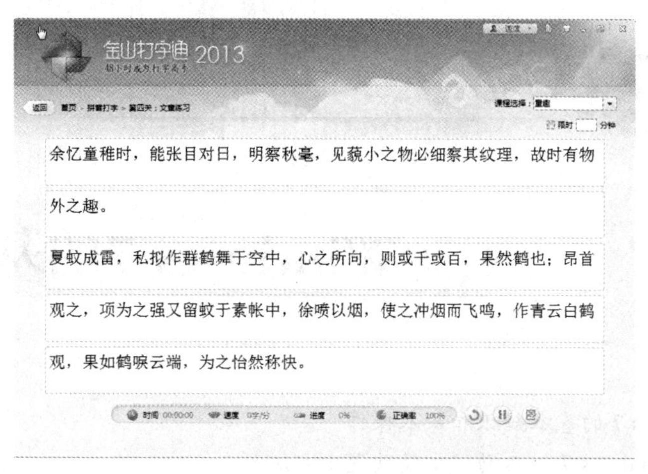

图 1.8　金山打字通文章练习打字

实训2 Windows 7的基本操作

【实训目的】

1. 掌握 Windows 7 的基本知识和基本操作。
2. 熟练掌握 Windows 7 的启动、切换及退出方法。
3. 掌握获得帮助的途径。
4. 掌握输入法的设置及一种汉字输入方法。

2.1 Windows 7 的启动

1. 启动 Windows 7 并设置登录和注销选项

【操作步骤】

①打开计算机的电源开关，在计算机进行硬件设备自检后将呈现登录界面，如图 2.1 所示。

②如系统设置了密码，在文本框中输入密码，如没有设置密码可直接转至步骤③。

③按【Enter】键或者单击箭头，进入 Windows 7 系统桌面。

图 2.1 Windows 7 登录界面

2. 启动 Windows 安全模式

安全模式英文 Safe Mode，安全模式是 Windows 操作系统中的一种特殊模式，在安全模式下用户可以轻松地修复系统的一些错误，起到事半功倍的效果。安全模式的工作原理是在不加载第三方设备驱动程序的情况下启动计算机，使计算机运行在系统最小模式，这样用户就可以方便地检测与修复计算机系统的错误。

【操作步骤】

方法一：开机后，在指定时间(加载完 BIOS 之后)，在进入 Windows 系统启动画面之前按 F8 键。

方法二：启动计算机时按住【Ctrl】键。

在出现 Windows 7 系统高级启动选项时，选择“安全模式”即可直接进入安全模式。

3. 重新启动 Windows 7 操作系统

【操作步骤】

方法一：单击“开始”按钮，然后单击“关机”按钮旁边的箭头，再选择“重新启动”命令，这时计算机会自动关闭并重新启动。

方法二：直接按主机箱上的 Reset（复位）键。

2.2 Windows 的关闭、切换用户和注销

1. 关闭 Windows

【操作步骤】

单击“开始”按钮然后单击“开始”菜单右下角的“关机”按钮。

2. 切换用户

如果用户的计算机上有多个用户账户，则另一用户在登录该计算机时可以使用快速用户切换方法，该方法不需要用户注销或关闭程序和文件。

【操作步骤】

方法一：

①单击“开始”按钮，然后单击“关机”按钮旁边的箭头。

②单击“切换用户”命令。

方法二：

【Ctrl+Alt+Delete】组合键，然后单击“切换用户”按钮。

3. 注销

Windows 的注销是指向系统发出清除现在登录的用户的请求，清除后即可使用其他用户来登录你的系统，注销不可以替代重新启动，只可以清空当前用户的缓存空间和注册表信息，正在使用的所有程序都会关闭，但计算机不会关闭。

【操作步骤】

单击“开始”按钮指向“关机”按钮旁的箭头，然后单击“注销”命令。注销后，其他用户可以登录而无须重新启动计算机。使用 Windows 完成操作后，不必注销。可以选择锁定计算机或允许其他人通过使用快速用户切换登录计算机。如果锁定计算机，则只有使用的用户或管理员才能将其解除锁定。

2.3 窗口和对话框的操作

1. 资源管理器窗口的移动、最小化、最大化、还原和关闭操作

【操作步骤】

①打开资源管理器窗口，拖动窗口标题栏，移动窗口。

②单击窗口左上角（标题栏左端）或者右击标题栏，打开控制菜单，选择移动命令，再使用键盘上的上、下、左、右键移动窗口。

③练习使用窗口右上角的“最小化”“还原（最大化）”和“关闭”按钮。

④用窗口控制菜单中的相应命令最小化、还原（最大化）和关闭窗口。

⑤使用任务栏中的通知区域最右端的“显示桌面”或 Windows 徽标键【⊞】+【D】键（快速显示桌面）最小化和还原窗口；使用 Windows 徽标键【⊞】+【M】键最小化所有窗口。

⑥用【Alt+F4】组合键关闭当前活动窗口。

⑦直接双击窗口标题栏最左边区域可关闭当前窗口。

⑧使用【Alt+Space】组合键打开窗口控制菜单，再按下命令后括号中带下画线的字母，可以实现相应操作，如【Alt+Space+R】组合键，可以还原当前窗口。

⑨使用窗口“文件”菜单中的“关闭”命令关闭窗口。

说明：窗口的菜单都可以用【Alt】键+菜单项后面带下画线的字母键打开，如获取帮助菜单选项打开方法为【Alt+H】组合键。正常状态下，这些菜单不可见。

2. 改变资源管理器窗口的大小

【操作步骤】

①将鼠标移动到窗口的边界上或四角的顶点上，当鼠标变成↔、↕、⤢或⤡形状时，按下鼠标左键并拖动，改变窗口宽度和高度。

②使用【Alt+Space】组合键打开窗口控制菜单，再按字母键【S】，此时使用键盘的上、下、左、右方向键可以改变窗口大小。

3. 窗口之间的切换和排列

【操作步骤】

①单击任务栏上的窗口图标或窗口的标题栏切换窗口。

②按【Alt+Esc】组合键以窗口打开的顺序循环切换；按【Alt+Tab】组合键在打开的窗口之间切换。

③任务栏上右击，在快捷菜单中选择“层叠窗口”“堆叠显示”和“并排显示窗口”命令来排列窗口。

④使用 Aero 三维窗口切换，效果如图 2.2 所示。

设置 Aero 主题的方法：打开“开始“→”控制面板”，在“控制面板主页”右侧选择“外观和个性化”中的“更改主题”，然后按如下步骤操作：

- 按住 Windows 徽标键【⊞】的同时按【Tab】键可打开三维窗口切换。
- 当按下 Windows 徽标键【⊞】时，重复按【Tab】键或滚动鼠标滚轮可以循环切换打开的窗口。还可以按【→】键或【↓】键向前循环切换一个窗口，或者按【←】键或【↓】键向后循环切换一个窗口。
- 释放 Windows 徽标键可以显示堆栈中最前面的窗口，也可以单击堆栈中某个窗口的任意部分来显示该窗口。
- 按住【Ctrl】+Windows 徽标键【⊞】的同时按【Tab】键，然后单击某一个窗口来显示该窗口。

4. 对话框操作

打开“文件夹选项”对话框，观察对比它与一般窗口的区别。

【操作步骤】

①在资源管理器窗口中选择“工具”→“文件夹选项”命令，打开该对话框，如图 2.3 所示。

②尝试是否可以改变对话框大小，观察任务栏中是否有该对话框图标。

③比较对话框与窗口的各部分组成。

图 2.2　Aero 三维窗口切换

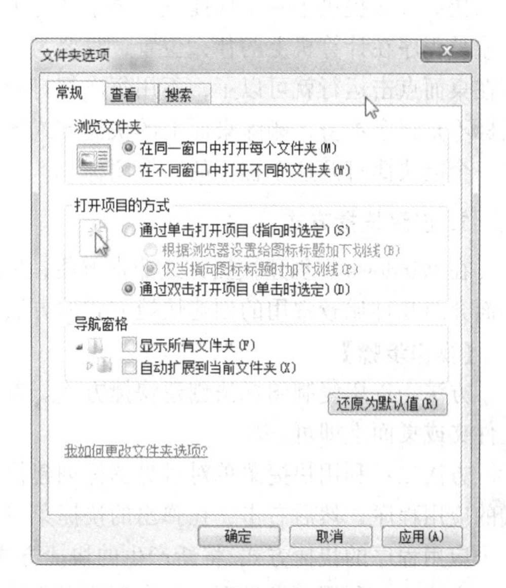

图 2.3　“文件夹选项”对话框

2.4　Windows 开始菜单

1. 从“开始”菜单打开程序

【操作步骤】

若要打开“开始”菜单左边窗格中显示的程序，可单击它，该程序就打开了，并且“开始”菜单随之关闭。

如果看不到所需的程序，可单击左边窗格底部的“所有程序”。左边窗格会按字母顺序显示程序的长列表，后跟一个文件夹列表。单击其中一个程序图标即可启动对应的程序，然后关闭“开始”菜单。

2. 将程序图标锁定到“开始”菜单

【操作步骤】

①右击想要锁定到“开始”菜单中的程序图标。

②在弹出的快捷菜单中选择“附到「开始」菜单”命令。

③若要解锁程序图标，右击它，在弹出的快捷菜单中选择“从「开始」菜单解锁”命令。

3. 从“开始”菜单删除程序图标

【操作步骤】

①单击“开始”按钮。

②右击要从“开始”菜单中删除的程序图标。

③在弹出的快捷菜单中选择“从列表中删除”命令。

2.5 快捷方式的操作

快捷方式提供了一个快捷进入某个文件夹或者打开某个软件和文件的渠道，不管文件、文件夹或是程序在计算机上的什么位置，只要为其生成快捷方式并且放在桌面上，这样每次运行时直接在桌面点击运行就可以了，不用每次都打开这个文件或是程序的具体存放位置运行。快捷方式图标不是程序本身，删除桌面上的快捷方式图标，软件依然在计算机里原封未动，删除的只不过是一个能快捷打开这个程序的一个图标。

1. 创建快捷方式

在 Windows 中创建快捷方式非常方便，在许多窗口的文件菜单中都有“创建快捷方式”命令，下面介绍几种比较常用的创建快捷方式的方法。

【操作步骤】

方法一：用复制图标法创建快捷方式。首先选中需要创建快捷方式的对象，拖动它到需要的文件夹或桌面上即可。

方法二：利用快捷菜单对可见图标创建快捷方式。在某个组件窗口中，先选中待创建快捷方式的应用程序，然后右击，在弹出的快捷菜单中选择“创建快捷方式”命令，会在文件夹内出现一个应用程序的快捷方式,将新产生的快捷方式拖动到指定的地点即可完成创建快捷方式的操作。

方法三：利用“发送到”命令创建桌面快捷方式。如果想在桌面上创建快捷方式，可以找到待创建的对象，右击，在弹出的快捷菜单中选择“发送到”命令，在其子菜单下选择“桌面快捷方式”命令，即可在桌面上创建快捷方式。

2.删除快捷方式

【操作步骤】

右击要删除的快捷方式，在弹出的快捷菜单中选择“删除”命令，然后在弹出的对话框中单击“是”按钮。如果系统提示输入管理员密码或进行确认，请输入该密码或提供确认。

2.6 Windows 桌面的基本操作

1. 排列桌面图标

【操作步骤】

①在桌面空白处右击，在弹出的快捷菜单中选择“查看”命令，取消“自动排列图标”的选定，此时可以拖动桌面任意图标摆放到其他位置。

②练习使用“排序方式”中的各种排列方式：“名称”“大小”“类型”“修改日期”，观察排列效果。

2. 桌面项目图标的显示、隐藏和更改

【操作步骤】

①在桌面上的空白处右击，在弹出的快捷菜单中选择“个性化”命令，单击“更改桌面图标”选项打开“桌面图标设置”对话框，如图 2.4 所示。

②选中某一个图标，单击“更改图标”按钮，然后选择一个图标即可更改图标的样式。

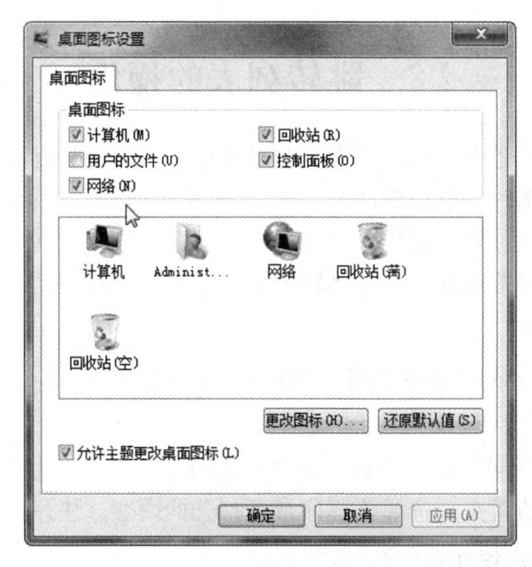

图 2.4　“桌面图标设置”对话框

2.7　任务栏的基本操作

1. 最小化窗口和还原窗口

当窗口处于活动状态（突出显示其任务栏按钮）时，单击其任务栏按钮会“最小化”该窗口。

2.查看所打开窗口的预览

将鼠标指针移向任务栏按钮时，会出现一个小图片，上面显示缩小版的相应窗口。此预览（也称为“缩略图”）非常有用。如果某个窗口正在播放视频或动画，则在预览时也会播放。

3. 隐藏任务栏

通过依次单击“开始”按钮→“控制面板”→“外观和个性化”→“任务栏和「开始」菜单”，打开“任务栏和「开始」菜单属性”对话框。

在“任务栏”选项卡的“任务栏外观”下选中“自动隐藏任务栏”复选框，然后单击“确定”按钮，则任务栏从桌面上隐藏起来。

4.解锁和移动任务栏

任务栏通常位于桌面的最底部，但用户可以根据个人的习惯和喜好将其移动到桌面的两侧或顶部。移动任务栏之前，需要解除任务栏锁定。

【操作步骤】

①解除任务栏锁定：右击任务栏的空白处，如果弹出快捷菜单中“锁定任务栏”旁边有复选标记，则表示任务栏已锁定，用户可以通过单击“锁定任务栏”将任务栏锁定解除。

②移动任务栏：单击任务栏上的空白处，然后按下鼠标左键，可将任务栏到拖动到桌面上下左右四个部位。当任务栏出现在所需的位置时，释放鼠标左键。

2.8 跳转列表的操作

跳转列表（Jump List）是 Windows 7 中的新增功能，一般是最近打开的项目列表，可帮助用户快速访问常用的文档、图片、歌曲或网站，例如 IE 跳转列表可显示经常浏览的网站；Windows Media Player 12 则显示经常播放的歌曲；Word 则显示经常打开的 Word 文件等。用户只需右击 Windows 7 任务栏上的程序按钮即可打开跳转列表，还可以通过在“开始”菜单上单击程序名称旁的箭头来访问跳转列表。

1. 使用“开始”菜单上的“跳转列表”快速访问最常用的项目

【操作步骤】

单击“开始”按钮，指向靠近“开始”菜单顶部的某个锁定的程序或最近使用的程序， 然后指向或单击该程序旁边的箭头，选择该程序最近打开的内容，快速访问最常用的项目。

2. 使用任务栏上的“跳转列表”

【操作步骤】

右击任务栏上的程序图标，选择该程序最近打开的内容，快速访问最常用的项目。

2.9 桌面小工具的操作

Windows 7 中包含称为“小工具”的小程序，这些小程序可以提供即时信息以及可轻松访问常用工具的途径。下面以“时钟”小工具为例进行介绍。

1. 显示“时钟”小工具

【操作步骤】

①右击“桌面”空白处，在弹出的快捷菜单中选择“小工具”，打开图 2.5 所示窗口。

②选中“时钟”，拖放到桌面上，这样在桌面上就会显示出“时钟”小工具。

2. 更改选项

【操作步骤】

①右击“时钟”，将会显示可对该小工具进行的操作列表，如图 2.6 所示。

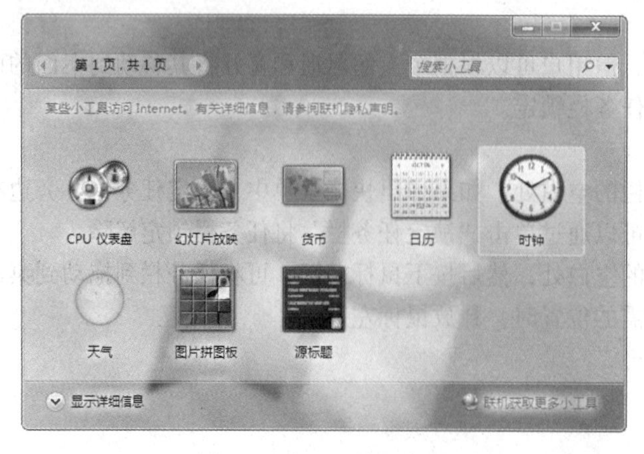

图 2.5 小工具管理窗口

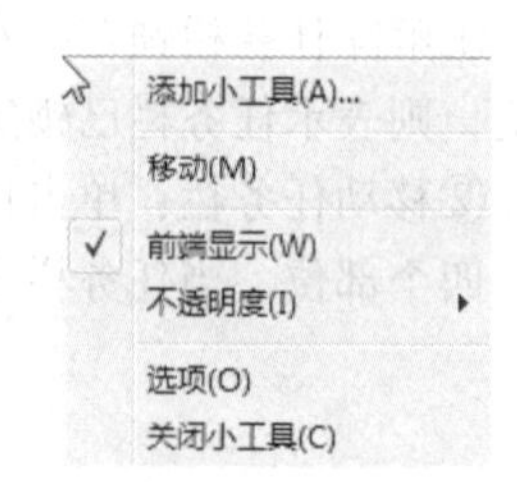

图 2.6 “时钟”工具选项

②鼠标指向“时钟”小工具，则在其右上角附近会出现“关闭”按钮和“选项”按钮。

2.10　使用 Windows 的帮助

【操作步骤】

①在“资源管理器”“控制面板”等窗口中选择“帮助”菜单→“查看帮助”命令，打开“Windows 帮助和支持”窗口。

②在“搜索帮助”文本框内输入关键字“资源管理器”，单击按钮显示搜索的结果，选定左侧的某项索引项目，单击“显示”按钮查看帮助信息。

2.11　桌面放大镜的使用

【操作步骤】

方法一：按 Windows 徽标键+加号或者减号键来进行放大或者缩小操作。

方法二：打开“附件”→“轻松访问”→“放大镜”，然后单击或按钮进行缩放。

2.12　Windows 任务管理器的使用

【操作步骤】

①按【Ctrl+Alt+Delete】组合键，选择“启动任务管理器”命令，打开“Windows 任务管理器”窗口。

②选中某个进程，单击“结束进程”按钮，系统出现是否结束进程对话框，单击“结束进程”按钮，结束某个进程。

③单击“性能”选项卡，查看 CPU 和内存使用情况。

2.13　输入法设置与使用

1. 显示或隐藏任务栏上的语言栏

【操作步骤】

①单击“控制面板”→“时钟、语言和区域”→“更改键盘或其他输入法”图标，打开“区域和语言”对话框，在“键盘和语言”选项卡上，单击“更改键盘”按钮，打开“文本服务和输入语言”对话框。

②单击“语言栏”选项卡，在语言栏区域，选择“悬浮于桌面上”，单击“应用”或者“确定”按钮，则出现浮动的输入法状态栏，如图 2.7 所示。

图 2.7　微软拼音输入法状态栏

2. 输入法的使用

【操作步骤】

①打开记事本程序，使用微软输入法输入以下文字：

煤矿井下综采工作面集中了采煤机、刮板运输机、液压支架、转载机等大型机电设备。各设备间的协调工作要求较高，而且井下工作环境条件恶劣，存在多种影响设备正常工作和人身安全的不确定因素，故用于综采工作面的设备监控系统应是一个能在特殊条件下工作的监控系统。

针对井下的环境条件，监控系统的网络结构，应尽可能简单，减少网络连线，分站、子站应尽可能采用传感器检测与控制一体化结构，变功能单一的子站结构为综合分站结构，增强对环境的适应性。

我国大部分矿井含有瓦斯等有害气体，监控系统在结构设计和电器设计上要首先考虑将系统设计为本安或增安型结构。

工作面的环境、采煤方式、工作面的地质条件的变化等都可引起监控对象的结构形式、运行方式的改变，因此系统设计应充分考虑工作面的变化因素，选择灵活的结构方案，便于系统的减小和扩充。

由于煤矿井下综采工作面是一个人、设备、地质条件三个方面结合的有机体，任何控制系统的差错都可能造成人员伤亡、设备损坏和顶板事故。除了对监控系统本身应具有较高的可靠性和安全性外，对人为的操作错误，要有完善的闭锁控制措施。

说明：对于一些常用的符号在中文输入法的中文标点状态下，可以通过一些按键的组合来实现符号的输入，例如按【Shift+6】组合键可输入省略号；按【\】键则输入顿号，也可以使用软键盘输入标点符号。

②图 2.7 所示为输入法状态栏的图标名称。

- 单击图 2.7 中的“软键盘”图标，在弹出菜单中选择“软键盘”选项，可弹出软键盘，再次单击该图标，可关闭软键盘。
- 单击中图标或按【Shift】键，直接切换中文/英文输入法。
- 单击图标或按【Shift+Space】组合键，切换全角半角字符。
- 单击图标或按【Ctrl+.】键，切换中文/英文标点。
- 按【Ctrl+Space】组合键切换中英文输入法；按【Ctrl+Shift】组合键可在各输入法之间切换。

③使用记事本“文件”菜单下的“另存为”命令，将文件保存在 D 盘根目录下，文件名为 file.txt。

实训 3

资源管理器与文件、文件夹的操作

【实训目的】

1. 掌握“Windows资源管理器”的使用。
2. 掌握文件和文件夹的常用操作。
3. 掌握回收站的设置和使用方法。
4. 掌握文件的搜索方法。

3.1 资源管理器的使用

1. 使用多种方法打开Windows资源管理器

【操作步骤】

①选择“开始”菜单→“所有程序”→“附件”→“Windows资源管理器”命令。

②在“开始”按钮上右击，在弹出的快捷菜单中选择“打开Windows资源管理器”命令。

③在工具栏中单击打开Windows资源管理器。

④使用Windows徽标键【】+【E】键打开资源管理器。

对比使用以上方法打开的资源管理器窗口的区别。

2. 使用多种方式浏览D盘根目录

查看资源管理器的资源时，可以采取多种查看方式，分别有缩略图、列表、详细信息、图标等方式，在这里以浏览D盘的根目录资源为例，请读者仔细观察各种显示方式之间的区别。

【操作步骤】

①在Windows资源管理器窗口中单击左侧文件夹列表中的本地磁盘（D:），右侧内容区域显示了D盘根目录下的所有文件和文件夹资源。

②在窗口右侧区域的空白处右击，使用快捷菜单中的“查看”菜单下的5种排列方式浏览该目录。

③使用窗口“查看”菜单下相应的命令浏览根目录，如“详细资料”。

④单击窗口工具栏上的“查看”按钮，利用滑块或者直接选择某种方式浏览根目录。

3. 使用多种方式对D盘根目录进行排序

分别按名称、大小、文件类型和修改时间对D盘的根目录进行排序，观察4种排序方式的区别。

【操作步骤】

①在本地磁盘（D:）的根目录下，使用右键快捷菜单中的“排序方式”下的相应命令。

②使用窗口“查看”菜单→“排序方式”下的相应命令进行排列。

4. 在资源管理器窗口中格式化磁盘

【操作步骤】

在“计算机”中或资源管理器窗口中某个磁盘图标上右击，在弹出的快捷菜单中选择“格式化”命令，在打开的对话框中可选择“快速格式化”并设置文件系统（FAT32 或 NTFS）。

5. 文件夹的操作

在 E 盘根下创建两个文件夹：example1 和 example2；在 example1 文件夹中再创建两个文件夹：“计算机”和“英语”。

【操作步骤】

①在资源管理器左侧的文件列表中单击“本地磁盘（E:)”。

②资源管理器窗口右侧显示了 E 盘的根目录，使用右键快捷菜单中的“新建”→“文件夹”命令创建 example1 文件夹。

③在资源管理器窗口中选择“文件”菜单→“新建”→“文件夹”命令，创建 example2 文件夹。

④进入 example1 文件夹，创建“计算机”和“英语”两个文件夹。

重命名文件夹的操作步骤如下：

【操作步骤】

方法一：在文件夹上右击，在弹出的快捷菜单中选择“重命名”命令。

方法二：在新建文件夹图标下面的名称上两次单击鼠标左键，此时文件名被选定，反白显示，输入新文件名即可。

方法三：选定文件夹并按【F2】键，输入新文件名。

将 example1 文件夹压缩，文件名为 example1.rar，其操作步骤如下：

【操作步骤】

在 example1 文件夹上右击，在弹出的快捷菜单中选择“添加到压缩文件”命令，在弹出的“压缩文件”对话框中单击“浏览”按钮，选择保存位置为桌面，单击“确定”按钮，压缩后的文件图标为。

6. 文件的操作

（1）文件的选择

【操作步骤】

方法一：进入某一文件夹的根目录，按【Ctrl+A】组合键将文件全部选中。

方法二：选定某一文件，按住【Ctrl】键再继续单击其他文件，可以选定多个不连续文件。

方法三：选定某一文件，按住【Shift】键，再单击另一文件，可以选定两个文件之间的所有文件，若要取消某一选定文件，可按住【Ctrl】键再单击该文件即可。

方法四：直接在空白处拖动鼠标左键，将选定文件括在虚线框内。

（2）新建文件

在 example2 文件夹内新建两个文本文件，文件名分别为 jsj1.txt 和 jsj2.txt，其操作步骤如下：

【操作步骤】

在资源管理器窗口中打开 example2 文件夹；使用两种方法在该文件夹下创建创建两个文本文件（文本文档、记事本文件）jsj1.txt 和 jsj2.txt（与前面所述创建文件夹方法类似）。

（3）复制文件

将 jsj1.txt 复制到目的磁盘或文件夹中，其操作步骤如下：

【操作步骤】

方法一：使用“编辑”菜单复制。

①在资源管理器窗口中选定 jsj1.txt，选择“编辑”菜单→“复制”命令。

②单击左侧列表中的“本地磁盘（D:)”将其打开，选择“编辑”菜单→“粘贴”命令。

方法二：使用快捷键复制。

选定文件 jsj2.txt，按【Ctrl+C】组合键将其复制，再到 D 盘的根目录下，按【Ctrl+V】组合键粘贴；若要移动该文件，则使用【Ctrl+X】组合键将其剪切，再粘贴到 D 盘下即可。

方法三：在资源管理器窗口中使用鼠标拖动的方法复制。

①在资源管理器窗口中选定 jsj2.txt，用鼠标左键将其拖动到左侧文件夹列表 E 盘下的 example1 文件夹上，此时文件夹反白显示，片刻后，example1 文件夹自动展开，继续拖动到“计算机”文件夹上，同时按【Ctrl】键，鼠标指针右下角将出现“+”标记，释放鼠标即可。

②同样使用鼠标左键拖动的方法将 cxamplc2 文件夹下的 jsj2.txt 移动到 C 盘，值得注意的是，释放鼠标之前应按【Shift】键，此时鼠标指针上的“+”标记消失，表示移动状态。

说明：表 3.1 为在资源管理器中使用鼠标左键拖动文件的操作，应注意在同一磁盘驱动器下和不同磁盘驱动器之间操作的区别。

表 3.1　鼠标左键拖动文件操作

在同一磁盘的文件夹之间拖动文件	在不同磁盘之间拖动文件
默认为移动对象	默认为复制对象
按下【Ctrl】键为复制对象	按下【Shift】键为移动对象
按下【Alt】键为创建快捷方式	按下【Alt】键为创建快捷方式

③在资源管理器中使用鼠标右键拖动文件到目的文件夹时，释放鼠标，则会弹出快捷菜单，用户直接选择欲进行的操作即可，这种方法也十分快捷方便。

说明：文件夹的移动、复制等操作与文件基本一致，请读者自行练习。

7. 文件夹选项的设置

将 jsj2.txt 设置为“只读”和“隐藏”，观察在资源管理器中是否还能看到这个文件，使用文件夹选项设置显示隐藏的文件，同时设置隐藏文件的扩展名。

【操作步骤】

①设置文件 jsj2.txt 的属性为“只读”和“隐藏”。

②在资源管理器窗口中选择“工具”菜单→“文件夹选项”命令，在“查看”选项卡中选择“显示隐藏的文件、文件夹和驱动器”以及“隐藏已知文件类型的扩展名”选项，查看设置后的效果。

③“文件夹选项”对话框中还有一些其他设置，请读者自行练习。

3.2　回收站的使用

1. 删除文件 jsj2.txt，再恢复删除的文件

【操作步骤】

①删除文件。

方法一：使用右键快捷菜单中的“删除”命令删除该文件。

方法二：选定该文件，按【Delete】键将其删除。

方法三：在资源管理器窗口中直接将该文件拖动到回收站中。

方法四：选定该文件，按【Shift+Delete】组合键将其永久删除。

②打开回收站，选定 jsj2.txt，单击上面的“还原此项目”按钮，恢复该文件；或者右击该文件，在弹出的快捷菜单中选择“还原”命令。

2. 回收站的属性设置

【操作步骤】

右击回收站图标，在快捷菜单中选择“属性”命令，在弹出的“回收站属性”对话框中可以设置回收站所占磁盘空间容量，如图 3.1 所示。

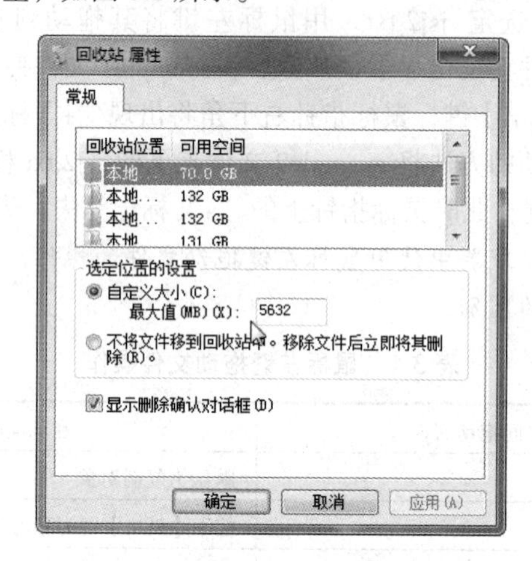

图 3.1 “回收站属性”对话框

3.3 使用库访问文件和文件夹

整理文件时，用户无须从头开始，可以使用库来访问文件和文件夹，并且可以采用不同的方式组织它们，库是此版本 Windows 7 的一项新功能。以下是 4 个默认库及其通常用于哪些内容的列表。

①文档库：使用该库可组织和排列字处理文档、电子表格、演示文稿以及其他与文本有关的文件。有关详细信息，请参阅管理文档。

默认情况下，移动、复制或保存到文档库的文件都存储在“我的文档”文件夹中。

②图片库：使用该库可组织和排列数字图片，图片可从照相机、扫描仪或者从其他人的电子邮件中获取。

默认情况下，移动、复制或保存到图片库的文件都存储在“我的图片”文件夹中。

③音乐库：使用该库可组织和排列数字音乐，如从音频 CD 翻录或从歌曲。

默认情况下，移动、复制或保存到音乐库的文件都储存在“我的音乐”文件夹中。

④视频库：使用该库可组织和排列视频，如取自数字相机，摄像机的剪辑，或者从 Internet 下载的视频文件。

默认情况下，移动、复制或保存到视频库的文件都储存在“我的视频”文件夹。

若要打开文档、图片或音乐库，请单击“开始”按钮，然后单击“文档”“图片”或“音乐”。

3.4　搜索文件或文件夹

1. 查找 C 盘上所有扩展名为.MP3 的文件

【操作步骤】

方法一：使用“开始”菜单上的搜索框。单击“开始”按钮，然后在搜索框中输入“.MP3”。与输入文本相匹配的项将出现在“开始”菜单上。搜索结果是基于文件名中的文本、文件中的文本和标记，以及其他文件属性。

方法二：使用文件夹或库中的搜索框。通常用户可能知道要查找的文件位于某个特定文件夹或库中，如文档或图片文件夹/库。浏览文件可能意味着查看数百个文件和子文件夹。可以打开资源管理器窗口顶部的搜索框，输入“*.MP3”来搜索文件。

2. 在 D 盘查找文件内容中含有“学习”的文件

【操作步骤】

①打开资源管理器，选定 D 盘。

②在图 3.2 所示的搜索框中输入“学习”文字。

③单击 按钮，将列出在 D 盘中内容含有“学习”的文件列表。

3. 按日期或大小搜索 D 盘所有.doc 文件

【操作步骤】

①打开资源管理器，选定 D 盘。

②在如图 3.2 所示的搜索框中输入“*.doc”。

③单击输入框，出现图 3.3 所示的界面，选择修改日期或者大小，按照所选择的条件进行搜索。

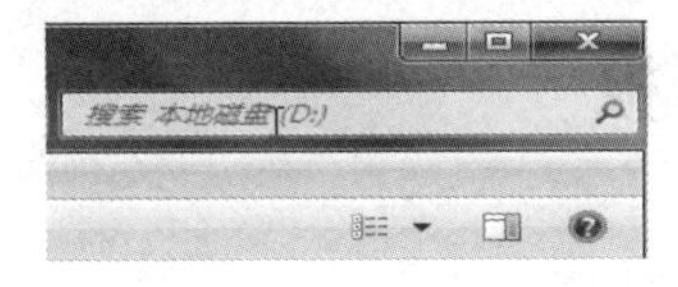

图 3.2　搜索框

图 3.3　文件夹或库中的搜索框

实训4

Windows的其他应用

【实训目的】

1. 熟悉控制面板的主要用处。
2. 掌握鼠标的设置方法。
3. 掌握显示设置的基本用法。
4. 掌握时间/日期的设定方式。
5. 掌握添加/删除功能的应用方法。
6. 了解系统信息。
7. 了解附件中的一些工具及作用。
8. 利用任务管理器和资源监视器了解系统资源使用和活动情况。
9. MS-DOS 的简单应用。

4.1　了解控制面板

1. 打开“控制面板”

【操作步骤】

方法一：在“开始”菜单中单击“控制面板”。

方法二：在资源管理器中，选择“计算机”，单击“打开控制面板”按钮。

2. 控制面板窗口

【操作步骤】

打开“控制面板”窗口后，默认的是图 4.1 所示的分类视图显示模式，用户还可以按照大图标或者小图标方式显示控制面板窗口。

请读者对于窗口中不同类别所含的程序进行了解，以便今后在设置时能够快速地找到程序所在的类别。

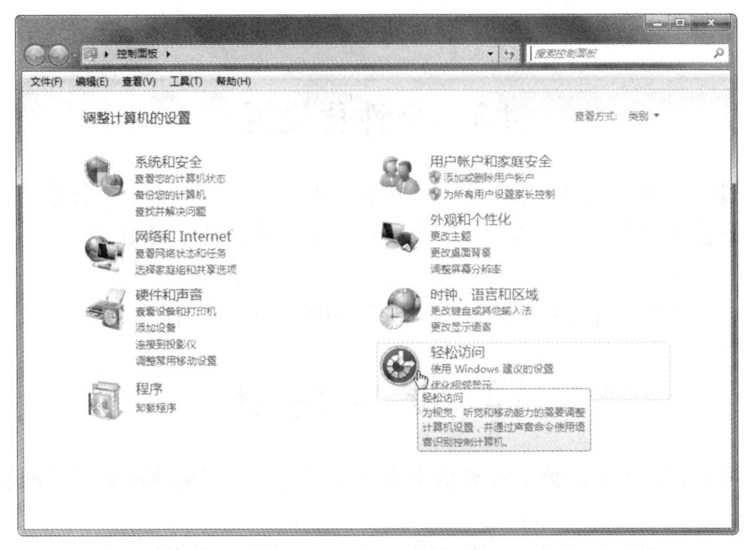

图 4.1　按类别显示的控制面板

4.2　调整屏幕分辨率

屏幕分辨率指的是屏幕上显示的文本和图像的清晰度。分辨率越高（如 1 600 × 1 200 像素），图标越清楚，同时屏幕上的图标越小，因此屏幕可以容纳越多的图标。分辨率越低（如 800 × 600 像素），在屏幕上显示的图标越少，但尺寸越大。

是否能够增加屏幕分辨率取决于监视器的大小和功能及显卡的类型。更改屏幕分辨率的步骤如下：

【操作步骤】

①打开“控制面板”，然后在“外观和个性化”下，在“显示”组单击“调整屏幕分辨率”，打开屏幕分辨率设置对话框，如图 4.2 所示。

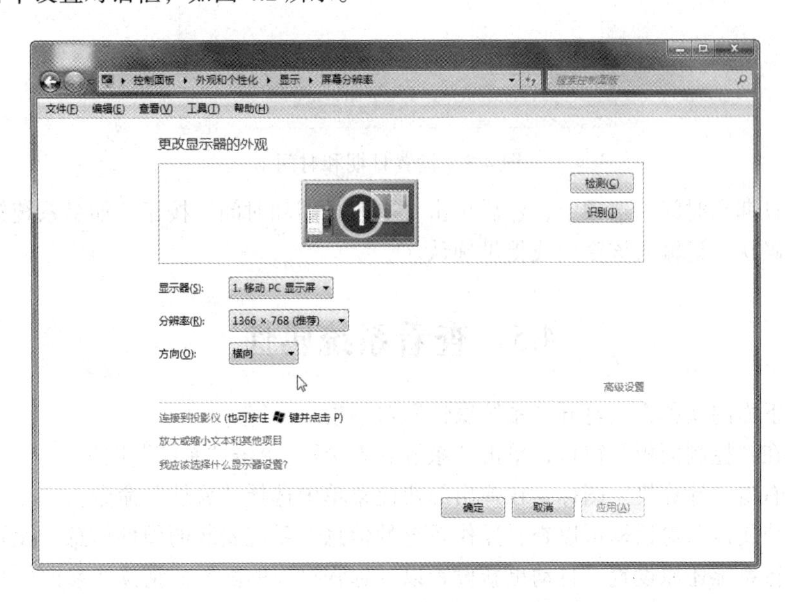

图 4.2　屏幕分辨率设置对话框

②单击“分辨率”旁边的下拉按钮，将滑块移动到所需的分辨率，然后单击“应用”按钮。

4.3 个性化设置

用户可以通过更改计算机的主题、颜色、声音、桌面背景、屏幕保护程序、字体大小和用户账户图片来向计算机添加个性化设置。用户也可以为桌面选择特定的小工具。

【操作步骤】

打开控制面板，选择“外观和个性化”，选择其中的某项进行操作。

4.4 设 置 时 钟

计算机时钟用于记录创建或修改计算机中文件的时间。可以更改时钟的时间和时区。

【操作步骤】

①通过依次单击“开始”按钮→“控制面板”→“时钟、语言和区域” →“设置时间和日期”，打开“日期和时间”对话框，如图 4.3 所示。

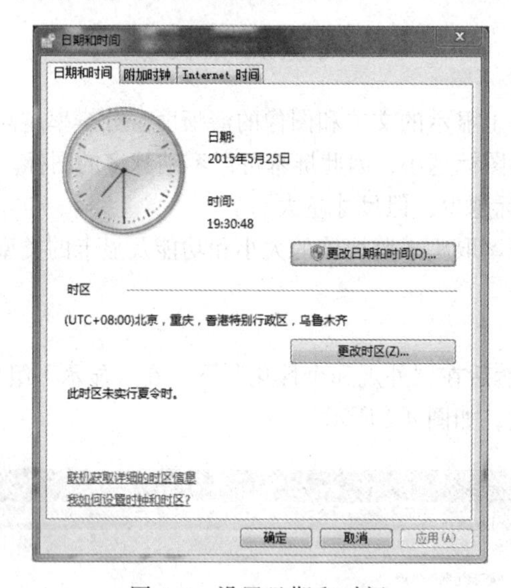

图 4.3 设置日期和时间

②单击“日期和时间”选项卡，然后单击“更改日期和时间”按钮。如果系统提示输入管理员密码或进行确认，请输入该密码或提供确认。

4.5 查看系统属性

可以通过下面的几种方法打开“系统属性”对话框。

方法一：在“控制面板”窗口，单击“系统和安全”，单击“系统”图标。

方法二：右击“计算机”图标，在弹出的快捷菜单中选择“属性”命令。

通过“系统属性”对话框可以查看操作系统的信息、系统安装的硬件信息、设置计算机名，同时还可以进行系统还原设置、自动更新设置以及远程桌面的配置。请读者参照教材以及对话框中的相应提示和说明来设置。

4.6 添加/删除程序

安装完 Windows 操作系统后，用户还要安装许多应用软件，如一些常用的工具软件、办公软件和其他的播放软件。有时一些软件不需要了，还有一些软件被损坏了，需要重新安装，在这种情况下，应该删除原来安装的软件。如果在资源管理器中直接删除，将不能删除彻底，同时在系统注册表中的信息也不能清除，影响效果，一般采用 Windows 系统提供的“卸载程序”来删除。

在“控制面板”窗口中单击“卸载程序”选项，会打开如图 4.4 所示的对话框。如果要操作某个项目，单击那个项目，这时会显示项目的名称、发布者、安装时间、大小、版本。如果用户单击“卸载”按钮，一般程序会提示用户是否删除程序，如果用户选择“是”，操作系统会完全卸载掉安装的程序。

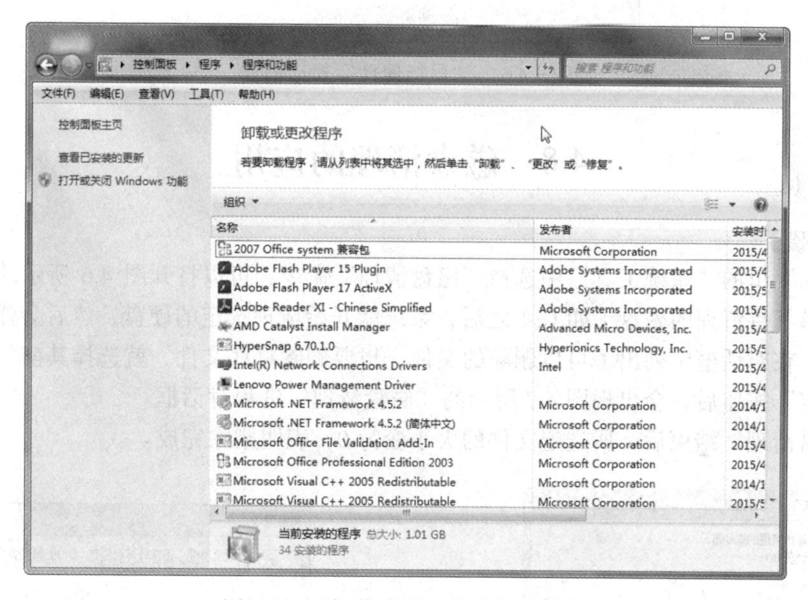

图 4.4 “卸载或更改程序”对话框

4.7 鼠标指针的设置

在“控制面板”的分类视图中单击“硬件和声音”，在“设备和打印机”组选择“鼠标”选项，可以打开图 4.5 所示的“鼠标 属性”对话框，在该对话框中有 5 个选项卡，请读者分别完成下面的一些设置。

①在“鼠标键”选项卡中切换鼠标的左右手习惯，调节双击速度查看效果，设置启用单击锁定选项。

②在“指针”选项卡中选择不同的指针方案查看效果，通过自定义来设置个性化的指针，通过“启用指针阴影”复选项查看指针阴影的效果。

③在“指针选项”选项卡中通过设置其中的复选项以及移动滑块来对指针进行设置。

④通过“滑轮”选项卡设置滚动鼠标的滚轮时一次滚动的行数，并且查看最多和最少滚动的行数。

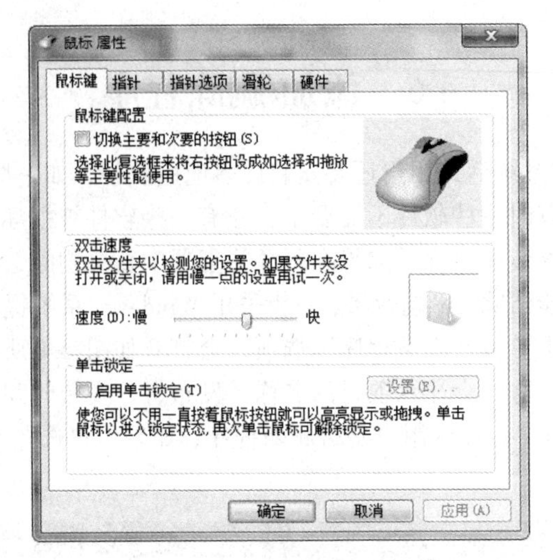

图 4.5 “鼠标属性”对话框

4.8 磁盘清理的应用

【操作步骤】

在“附件”里的“系统工具”中选择“磁盘清理”命令，可以打开图 4.6 所示的驱动器选择对话框，选择了待清理的磁盘（如 C:）之后，系统就开始清理选定的硬盘，然后会弹出“磁盘清理”对话框，在对话框中列出了可以删除的文件，想要删除哪些文件，就选择其前的复选框，然后单击“确定”按钮后，会出现图 4.7 所示的“磁盘清理”进程对话框。

当“磁盘清理”结束后，所选定文件的大小变为 0，表明删除完成。

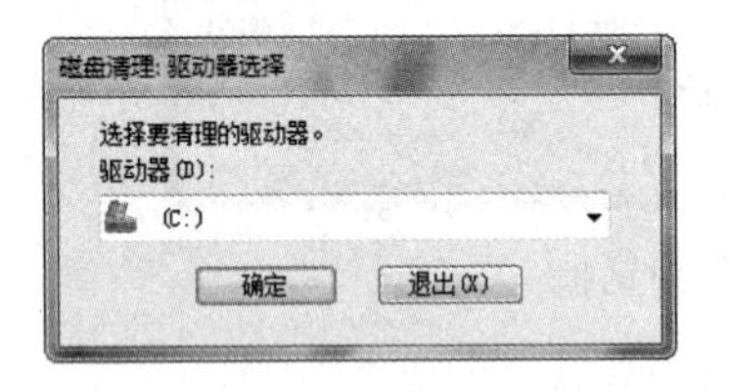

图 4.6 驱动器选择对话框

图 4.7 “磁盘清理”对话框

4.9 任务管理器

Windows 任务管理器是一个非常实用的性能检测工具，用于显示计算机当前正在运行的程序、进程和服务等，从而帮助用户了解当前系统的使用情况。在 Windows 7 中任务管理器的功能已经大大增强，功能更加细致和实用。下面是使用 Windows 7 任务管理器结束正在运行的应用程序方法。

①右击任务栏的空白位置，在弹出的快捷菜单中选择“启动任务管理器”命令，如图 4.8 所示。

②在打开的“Windows 任务管理器”窗口中选择“应用程序”选项卡，显示出当前活动的应用程序列表，选择要结束的运行程序，并单击窗口下方的“结束任务”按钮，如图 4.9 所示，即可结束该应用程序的运行。

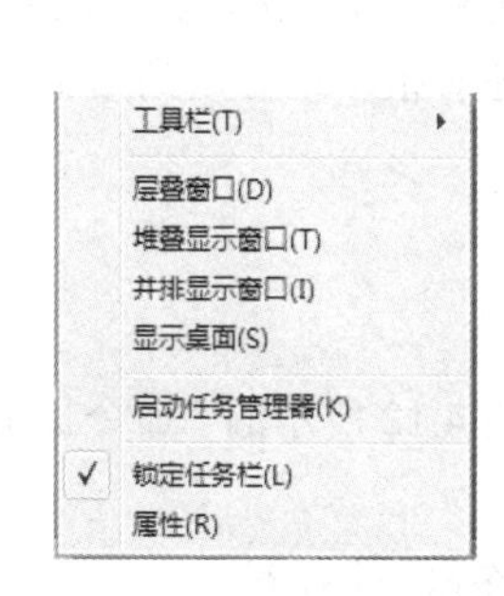

图 4.8　任务栏弹出菜单

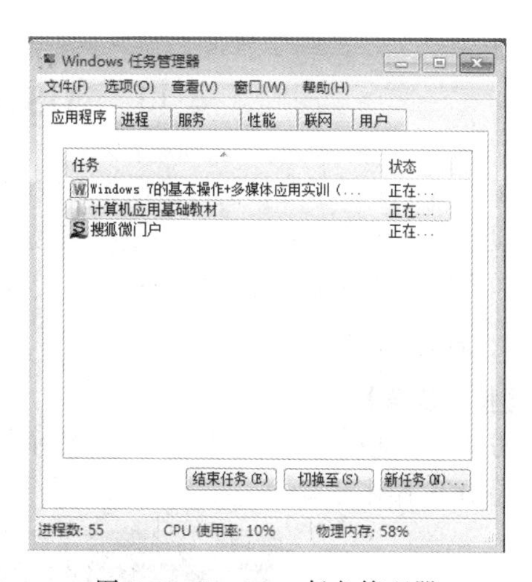

图 4.9　Windows 任务管理器

4.10　资源监视器

资源监视器用于实时监控计算机的 CPU、内存、磁盘和网络的活动情况。资源监视器界面包括“概述”“CPU”“内存”“磁盘”“网络”5 个选项卡。“概述”选项卡中集中显示了“CPU”“内存”“磁盘”“网络”选项卡的摘要信息。通过“资源监视器”窗口，用户可以看到每个进程的 CPU、内存使用情况、当前的磁盘活动 I/O 速度总量、当前所有含网络活动进程的网络活动状况。下面是使用资源监视器监控 CPU 的活动情况的方法。

①在如图 4.9 所示的“Windows 任务管理器”窗口中选择“性能”选项卡，可以看到计算机 CPU 使用率、内存情况等，如图 4.10 所示。

②单击图 4.10 下方的“资源监视器”按钮，打开“资源监视器”窗口并选择 CPU 选项卡，即可实时地监控 CPU 的活动情况，如图 4.11 所示。

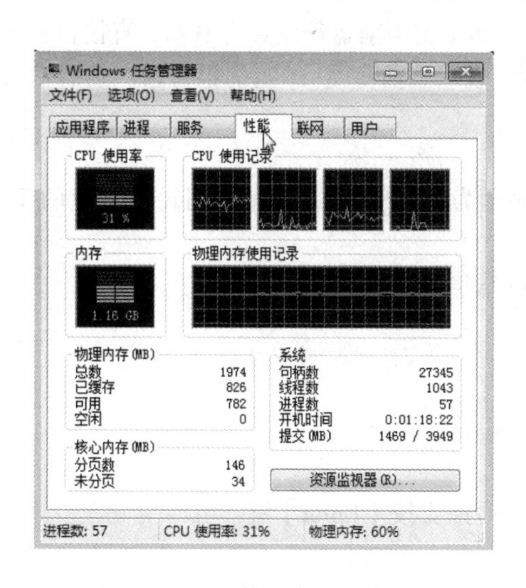

图 4.10　CPU 使用率、内存情况

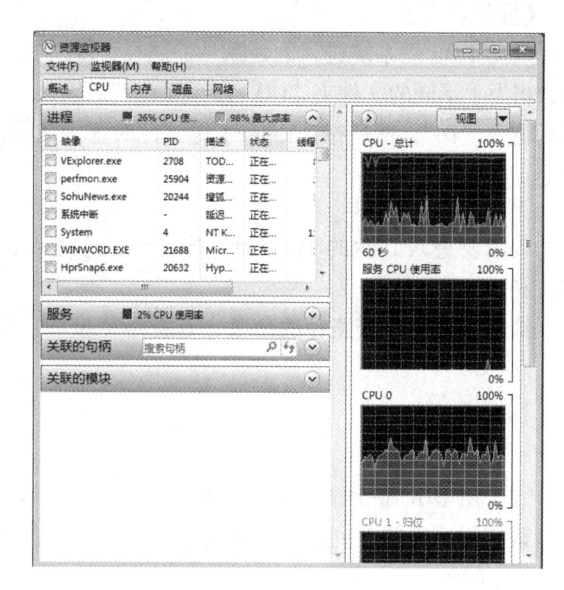

图 4.11　监控 CPU 的活动情况

4.11 MS-DOS 的简单应用

虽然 Windows 系统目前占据操作系统的统治地位，但是 DOS 系统还是有其应用的地方，如 C 程序设计的运行基本还是在 DOS 操作环境下，在网络测试中还有很多地方用到 DOS 环境等，下面简单介绍在 Windows 7 下如何使用 DOS 命令。

1. 启动 DOS

【操作步骤】

方法一：选择“附件”中的“命令提示符”命令即可打开图 4.12 所示的“命令提示符”窗口，这就是 DOS 操作环境。

图 4.12　Windows 7 下的 DOS 窗口

方法二：单击“开始”菜单的“搜索程序和文件”框，在框中输入 cmd 后按【Enter】键，同样可以打开该窗口。

Windows 下的 DOS 操作分为窗口方式和全屏幕方式两种，使用【Alt+Enter】组合键即可进行切换，读者可以自行练习。在窗口中光标闪烁处输入字符命令，按【Enter】键确认，使用 EXIT 命令可以退出 DOS。

2. DOS 的基本操作方法

（1）改变当前磁盘和路径

【操作步骤】

启动 DOS 后系统进入的是默认的路径，>为提示符，其前表示的是路径，逐级目录用“\”分隔，相当于不同的文件夹，DOS 命令要在其后输入。首先为了把当前盘符设置为 D 盘，直接在提示符后输入“D:”，然后按【Enter】键，此时显示为D:\>，表示当前盘是 D 盘的根目录。然后输入命令

```
CD PC
```

表示要进入 D 盘的 TC 目录。按【Enter】键后，显示为D:\pc>，表示当前的路径为 D 盘的 TC 文件夹。

请练习下面改变路径的命令，查看路径显示，通过结果来掌握 CD 命令用法：

```
CD \
CD TC
CDINCLUDE
CD…
```

（2）用 DIR 命令显示文件列表

请利用下面的系列命令，查看显示情况，每条命令后都要按【Enter】键。

```
DIR
DIR  /W
DIR  /P
```

```
DIR  T*.*
DIRC:\WINDOWS *.
DIR  C:\WINDOWS *.*
DIRC:\WINDOWS *.* /W
```

通过这些命令应用时显示的不同效果和方式，理解 DIR 命令。

（3）用 MD 命令建立子目录（文件夹）

使用 MD 命令在 E 盘的根目录上建立名为 huaibei 的子目录，结合上面介绍的命令进行操作。

```
E:
CD\
MD  huaibei
MD  huaibei\C
CD  huaibei\C
```

（4）使用 COPY 命令实现复制

```
COPY C:\WINDOWS\W*.*
COPY D:\PC *.*
DIR /W
```

通过上面的命令，从 C 盘和 D 盘指定的目录中把一些文件复制到 E:\huaibei\C 文件夹中，通过 DIR 命令显示复制过来的这些命令。

（5）文件的删除命令 DEL

在当前的文件夹（E:\YZA\C）中，删除指定的一些文件。

```
DEL *.C
DEL ????.*
DEL *.*
```

第 1 条命令删除所有扩展名为 C 的文件；第 2 条命令删除文件名长度不超过 4 个字符的所有文件；第 3 条命令删除全部文件。

实训5 Word 2010的基本操作

【实训目的】

1. 掌握 Word 2010 的及基本操作方法。
2. 掌握 Word 2010 的字符格式、段落格式的设置方法。
3. 掌握 Word 2010 的页面格式、页眉页脚的设置方法。
4. 掌握 Word 2010 分栏的使用方法。

5.1　字体格式和段落格式的设置

打开实例操作一文档“从百草园到三味书屋.docx”，完成以下操作：

（1）将标题设置为居中、宋体、加粗、绿色、二号字，并在标题下加着重号。

【操作步骤】

①选定标题文本“从百草园到三味书屋”，右击弹出快捷菜单，在快捷菜单中选择“字体”命令，如图 5.1 所示。

②在“字体”选项卡中设置中文字体为“宋体”，字形为“加粗”，字号为“二号”，字体颜色为“绿色”，在着重号选择“着重号”，设置完成后单击“确定”按钮，如图 5.2 所示。

③再单击“开始”选项卡，从“段落”中选中“居中”按钮，使标题居中。

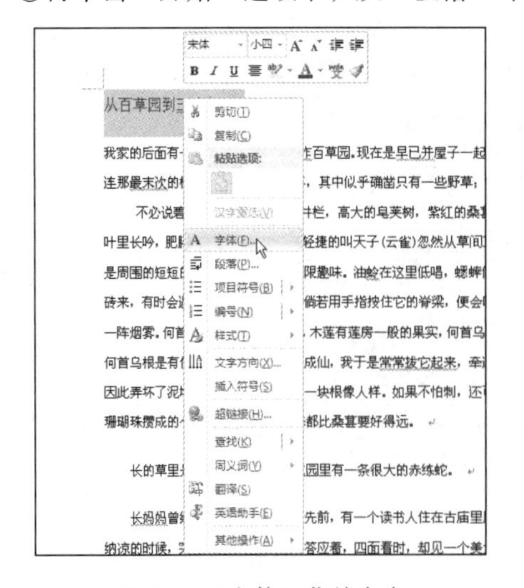

图 5.1　“字体”菜单命令

图 5.2　设置字体

提示： 右击弹出快捷菜单时候，必须保证鼠标停留在选中的文本位置，在 Word 2010 中右击弹出的快捷菜单为两个，上面那个小的快捷菜单可以对字体进行一些简单的设置，非常方便。设置字体颜色时，鼠标指针指向颜色，停顿一会，系统会给出所指颜色的名称。然后就可以选择所需的颜色了。

（2）将第一段的段落格式设置为两端对齐、首行缩进 2 字符。将全体正文行距设为多倍行距，值为 2.25。各段段前段后各留 0.5 行间距。

【操作步骤】

①选定第一段，右击，在弹出的快捷菜单中选择“段落”命令，弹出“段落”对话框。

②在“缩进和间距”选项卡的“常规”选项区域设置对齐方式为“两端对齐”。在“缩进”选项区域设置特殊格式为“首行缩进”，度量值为“2 字符”。如图 5.3 所示，设置完成后，单击“确定”按钮。

③采用同样的方式调出“段落”对话框，在“间距”选项区域，设置段前、段后为 0.5 行，行距设置为多倍行距，值为 2.25，如图 5.4 所示

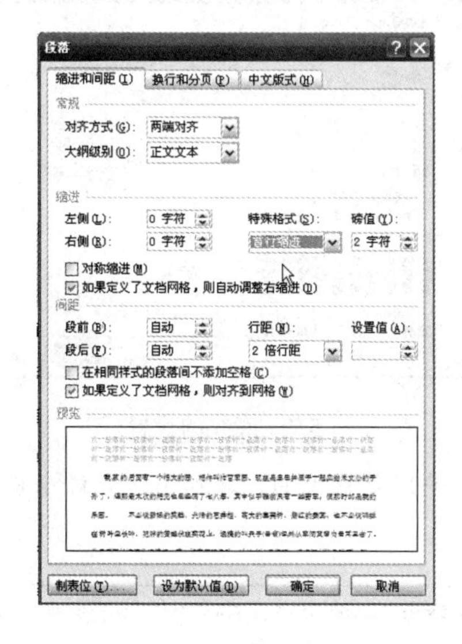

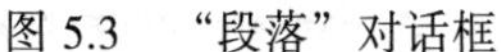
图 5.3　“段落”对话框

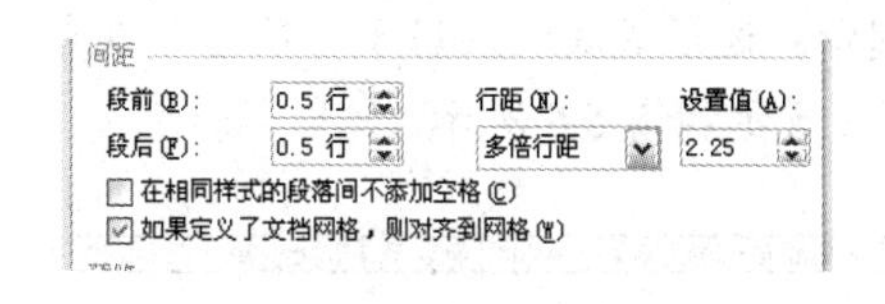

图 5.4　间距的设置

（3）给第二自然段进行设置：给第二自然段加上方框，样式为“虚线”，方框的颜色为“茶色、背景 2、深色 10%”。宽度为 1.5 磅，应用范围为“段落”。为第二自然段设置底纹，底纹样式为“5%”，颜色为“橙色、强调文字颜色 6、淡色 60%。效果如图 5.5 所示。

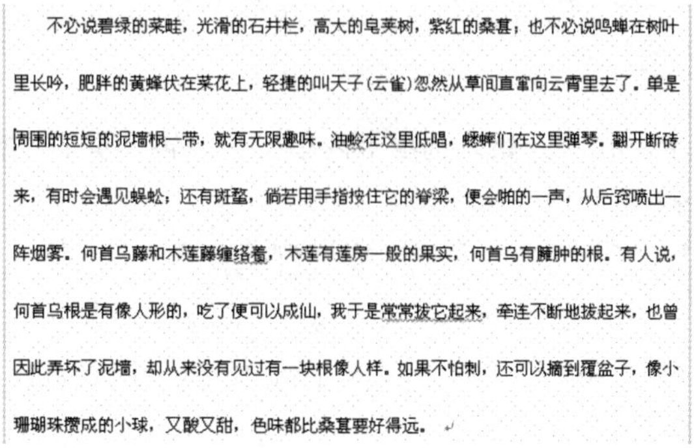

不必说碧绿的菜畦，光滑的石井栏，高大的皂荚树，紫红的桑葚，也不必说鸣蝉在树叶里长吟，肥胖的黄蜂伏在菜花上，轻捷的叫天子（云雀）忽然从草间直窜向云霄里去了。单是周围的短短的泥墙根一带，就有无限趣味。油蛉在这里低唱，蟋蟀们在这里弹琴。翻开断砖来，有时会遇见蜈蚣；还有斑蝥，倘若用手指按住它的脊梁，便会啪的一声，从后窍喷出一阵烟雾。何首乌藤和木莲藤缠络着，木莲有莲房一般的果实，何首乌有臃肿的根。有人说，何首乌根是有像人形的，吃了便可以成仙，我于是常常拔它起来，牵连不断地拔起来，也曾因此弄坏了泥墙，却从来没有见过有一块根像人样。如果不怕刺，还可以摘到覆盆子，像小珊瑚珠攒成的小球，又酸又甜，色味都比桑葚要好得远。

图 5.5　边框和底纹设置效果图

【操作步骤】

①选定第二自然段，从“页面布局”选项卡中“页面背景”中，单击“页面边框”，就可以弹出“边框和底纹对话框”，“边框和底纹对话框”里包含3个选项卡，在这为第二段加边框，单击第一个“边框”选项卡；在“设置”区域里选择“方框”，在“样式”区域里选择“虚线”，在“颜色”区域内选择颜色为“茶色、背景2、深色10%”；边框的宽度设置为1.5磅。在“应用于”区域，选择应用于“段落”，如图5.6所示。设置完成后单击“确定”按钮。

②选中第二段，同样的方法调出“边框和底纹”对话框，在“图案”区域设置，选择样式为“5%”，颜色为“橙色、强调文字颜色6、淡色60%，同样应用范围为“段落”。如图5.7所示，设置完成后单击“确定”按钮。

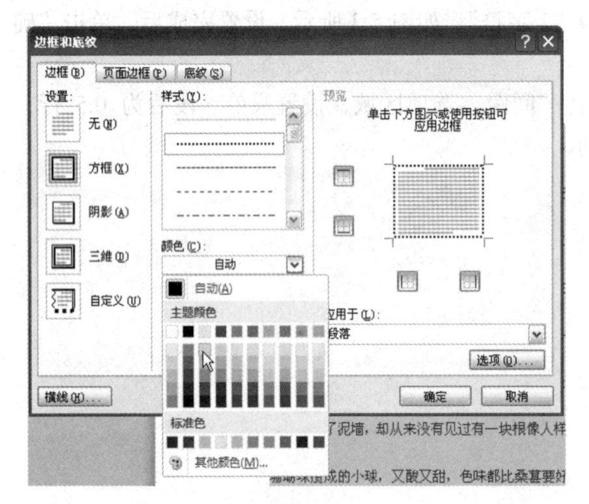

图5.6 “边框和底纹”对话框

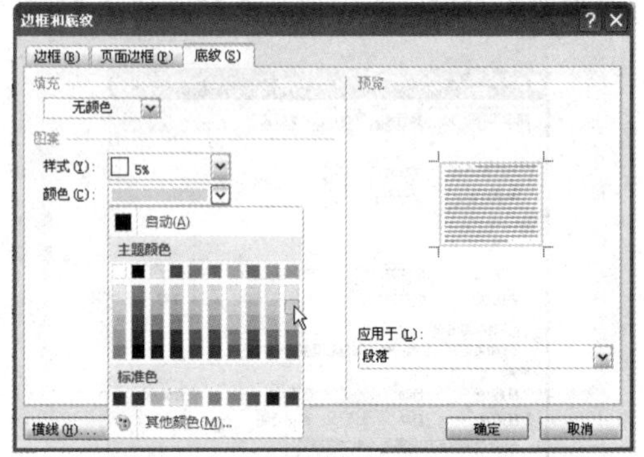

图5.7 底纹的设置

提示：边框或底纹应用于“段落”或者“文字”效果差距是巨大的。我们用边框做个例子，如图5.8所示和图5.9所示。

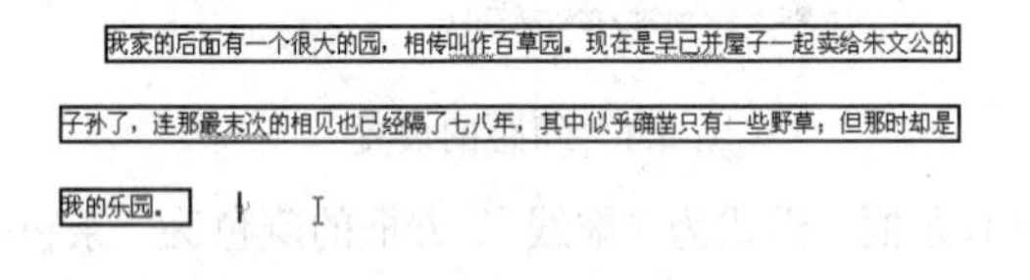

我家的后面有一个很大的园，相传叫作百草园。现在是早已并屋子一起卖给朱文公的子孙了，连那最末次的相见也已經隔了七八年，其中似乎确凿只有一些野草，但那时却是我的乐园。

图5.8 应用于文字的效果　　图5.9 应用于段落的效果

（4）将文章中所有的“草”字替换成“GRASS”，替换后的“GRASS”字体格式为Gulim、倾斜、字体颜色为红色。

具体操作步骤如下：

①单击“开始”选项卡，在“开始”选项卡内单击“编辑”里的“替换”，如图5.10所示。

图5.10 “开始”选项卡上的“替换”命令按钮

②在弹出的“查找和替换”对话框中的“查找内容”内输入“草”字，在“替换为”内输入英文“GRASS”，如图 5.11 所示。

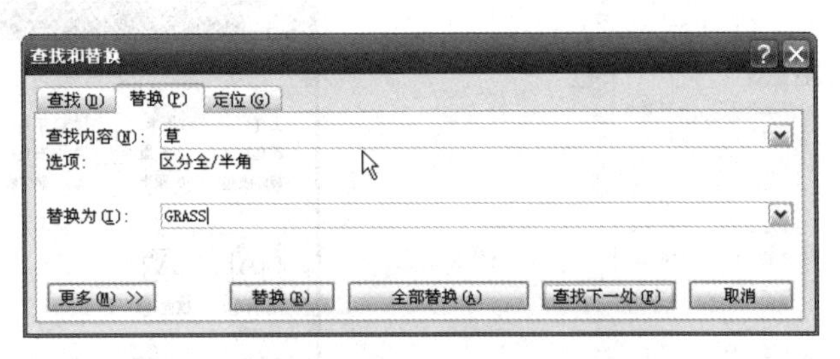

图 5.11 “查找和替换”对话框

③然后单击“更多”按钮，就会弹出“搜索选项”区域和“替换”区域，在“替换”区域里单击“格式”按钮，在弹出的下拉列表中选择“字体”选项，弹出“查找字体”对话框，设置字体格式为 Gulim、倾斜、字体颜色为红色，如图 5.12 所示。

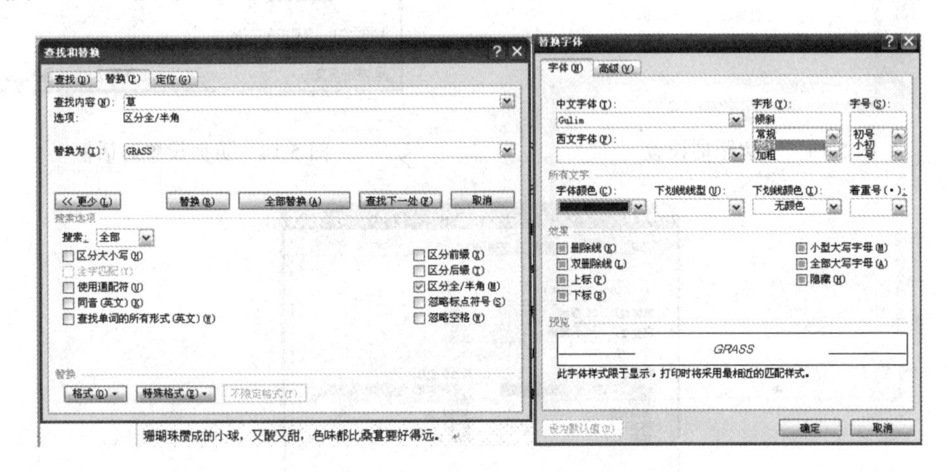

图 5.12 带格式的“查找和替换”

④单击“全部替换”按钮完成操作。

5.2 页面格式设置、页眉页脚设置

1. 对页面进行设置，纸张大小为 A4，纵向，页边距上下为 2.0 cm，左右为 2.5 cm，应用于整篇文档。

【操作步骤】

①单击“页面布局”选项卡，在“页面布局”选项卡内找到“页面设置”。单击里面的页边距，弹出下拉菜单，单击最下面的“自定义页边距”，弹出“页面设置”对话框，在“页边距”区域设置好页边距，如图 5.13 所示。

②在“纸张方向”区域，选择“纵向”，“应用于”设定为“整篇文档”，如图 5.14 所示。

③在“页面设置”对话框中单击“纸张”选项卡，在纸张大小区域，选择纸张类型为“A4”，如图 5.15 所示，设置完成后单击“确定”按钮。

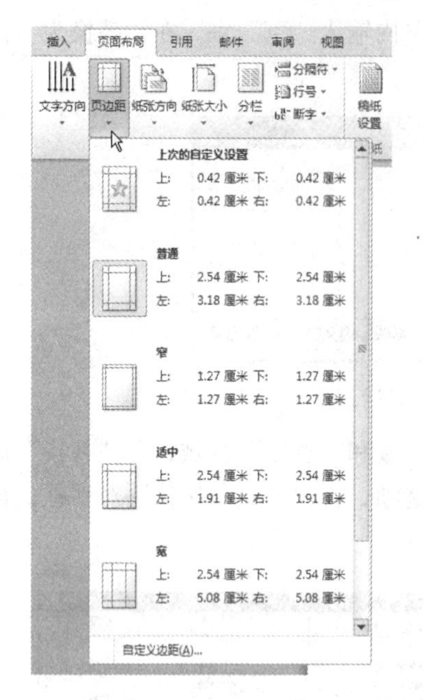

图 5.13　页边距的设置

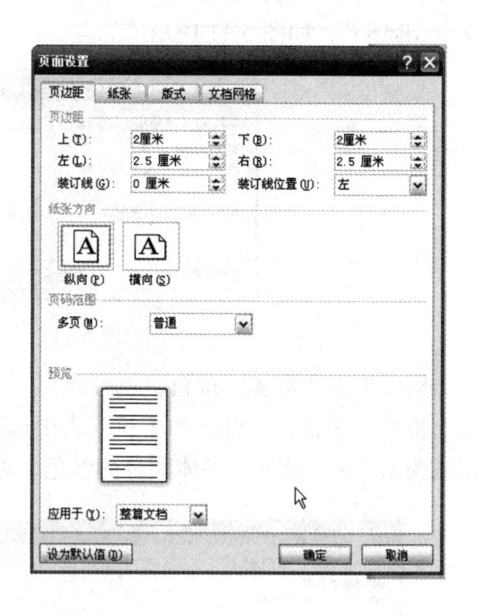

图 5.14　页面设置对话框

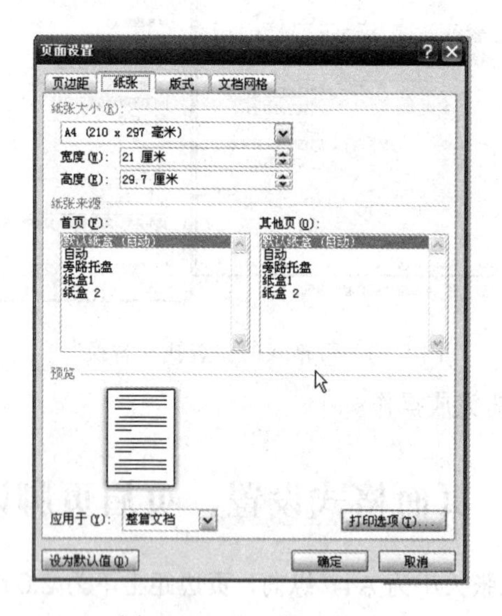

图 5.15　设置纸张类型

2．设置页眉为“鲁迅文集”，为文档设置“新闻纸型”页脚。

【操作步骤】

①单击“插入”选项卡，在“页眉和页脚”选项卡内找到“页眉”，单击“页眉”按钮。如图 5.16 所示。在“键入文字”处输入“鲁迅文集”。

②同样的操作，单击“页脚”，在弹出的下拉菜单中选择“新闻纸”型的页脚，如图 5.17 所示。把左下角的作者改为“鲁迅”。

③设置完成后，单击“关闭页眉和页脚”按钮。

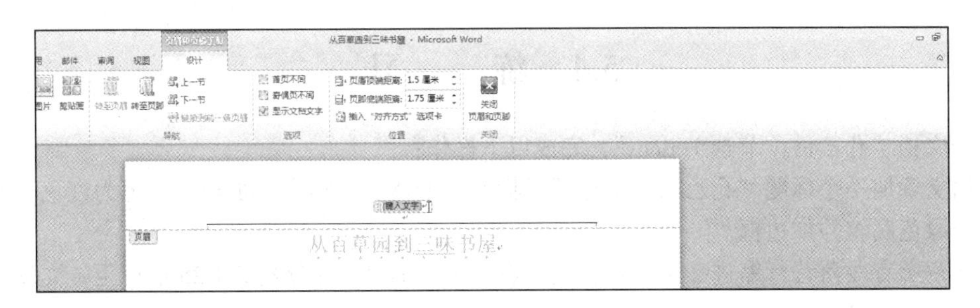

图 5.16 页眉的设置

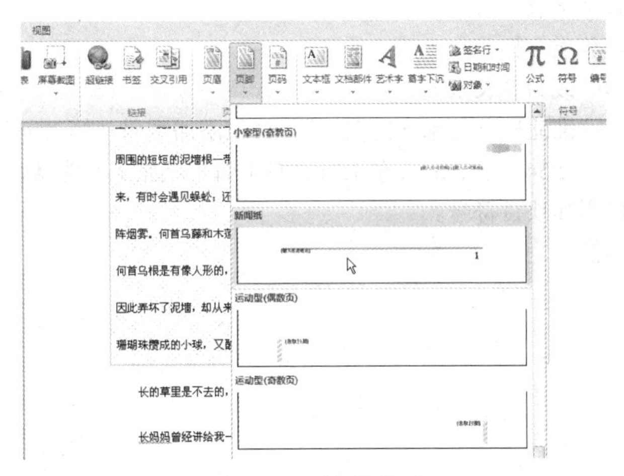

图 5.17 页脚的设置

5.3 分栏的设置

将第一段分为两栏，栏间距为 1.5 字符，加分割线。

【操作步骤】

①选中第一自然段，然后单击“页面布局”选项卡，在“页面布局”选项卡内找到“页面设置”。单击里面的“分栏”，弹出下拉菜单，单击最下面的“更多分栏”，如图 5.18 所示。

②在“分栏”对话框中，在预设区域选择“两栏”，在宽度和间距区域设定“间距”为 1.5 字符，选择“分割线”复选框，如图 5.19 所示。

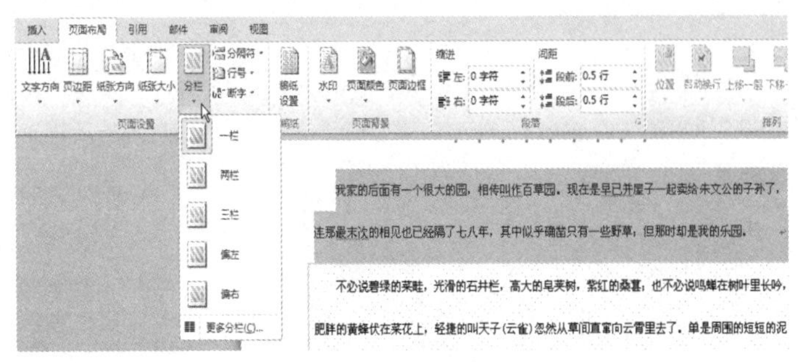

图 5.18 分栏的操作

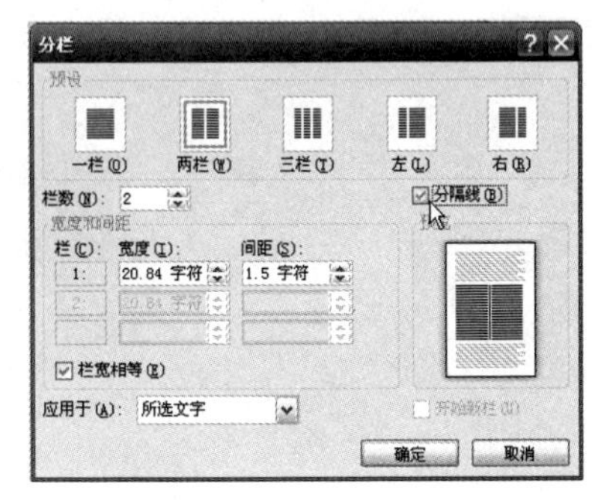

图 5.19 “分栏”对话框

③设置完成后，单击“确定”按钮。

5.4 练　　习

打开文档“孔乙己（节选）.docx”，完成以下操作：

①给文章加一个标题“孔乙己（节选）”，标题为楷体、二号字、加粗、颜色为红色、半紧密映像、浅绿色底纹并加边框。

②文章所有段落首行缩进 2 个字符，左、右缩进各缩进 2 个字符，1.25 倍行距，文章字体设置成宋体、小四号字。

③第一段设置成首字下沉。

④文章第二段段落分成 2 栏。

⑤将文章中“长衫”改为“长衣”。

⑥添加页脚内容为“淮北职业技术学院实训”，页脚添加页码“第 X 页”，首页为第一页。

⑦设置页面边距，上 2.54、下 2.54，左 1.91、右 1.91，纸张大小为 A4。

⑧第二段和第三段添加项目符号。

⑨最后两段内容调换。

实训6 “毕业设计”排版

【实训目的】

1. 掌握页面设置与属性设置。
2. 能够对章节、正文等所用到的样式进行定义。
3. 能够将定义好的各种样式分别应用于论文的各级标题、正文。
4. 能够利用具有大纲级别的标题为毕业论文添加目录。
5. 能够利用插入域的方法设置页眉和页脚。

6.1　文档属性设置

打开实例操作二文档“毕业设计.docx”，完成以下操作：

对“毕业设计”，文档属性进行设置，要求设置文档的标题为“毕业设计”，包含作者的姓名以及所在的班级。

【操作步骤】

①单击“文件”选项卡，在弹出的下拉菜单中选择“信息”选项，如图 6.1 所示，单击右边的“属性”选项，选择“高级属性”，打开文档属性对话框。

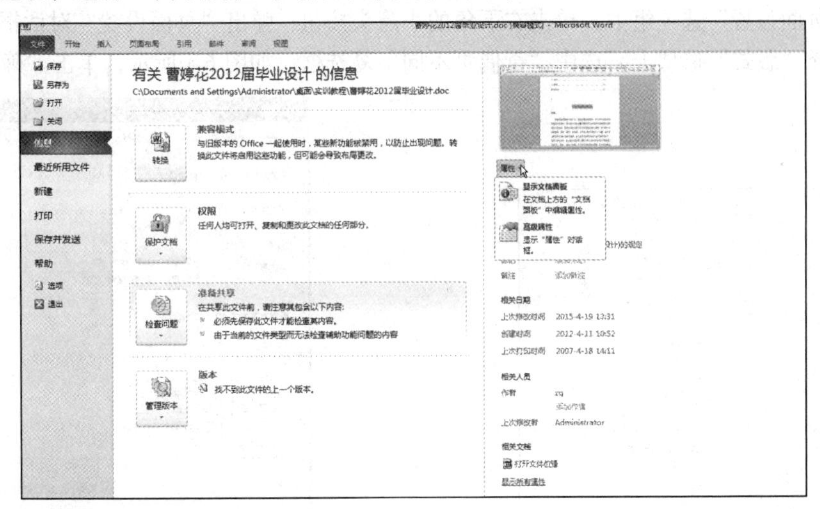

图 6.1　文件属性

②在高级属性对话框中，单击“摘要”选项卡，在标题位置输入“毕业设计”；在作者位置

输入“曹婷花”，在单位位置输入“淮北职业技术学院 2012 级”，如图 6.2 所示。

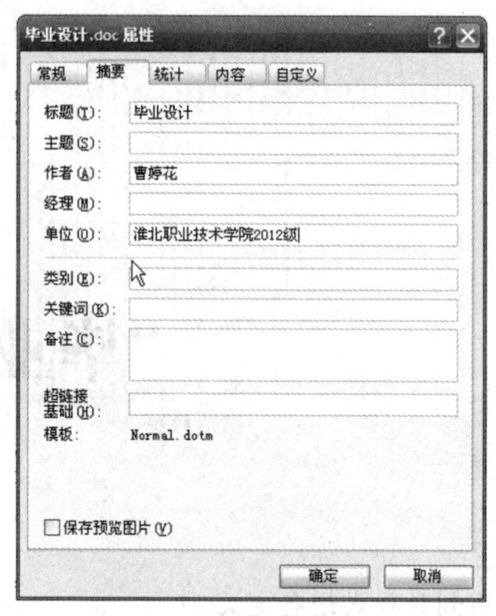

图 6.2　文档高级属性对话框

③设置完成后，单击“确定”按钮。

6.2　字体格式和段落格式的设置

打开实例操作二文档“毕业设计.docx”，完成以下操作：

毕业论文的格式要求：纸张大小设置为自定义大小，宽：19 厘米、高：26.5 厘米；页边距为上边距：4.5 厘米、下边距：2.54 厘米、 左边距：2.4 厘米、 右边距：1.6 厘米；将论文奇数页的页眉定义为“淮北职业技术学院”，偶数页的页眉定义为“2012 级毕业设计”。

【操作步骤】

①单击“页面布局”选项卡，在“页面设置”选项组中设置纸张的大小和页边距，如图 6.3 所示。

②在“页面设置”选项组中，单击右下角的小箭头按钮，弹出“页面设置”对话框，在弹出的对话框中选择“版式”选项卡，选中“奇偶页不同”复选框，如图 6.4 所示，单击“确定”按钮。

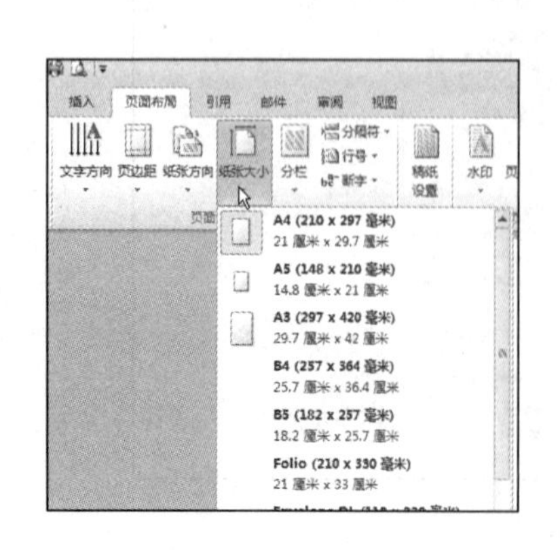

图 6.3　对纸张类型和页边距进行设置

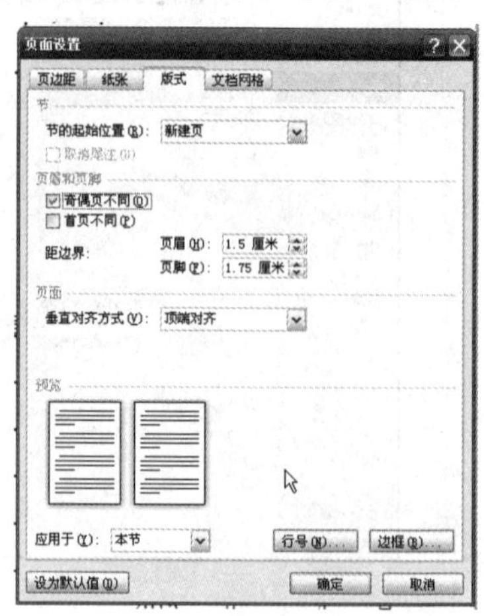

图 6.4　“页面设置”对话框

③单击“插入”选项卡，找到“页眉和页脚”选项组，选择“页眉”菜单命令，在弹出的下拉菜单中选择“空白”选项，如图 6.5 所示。

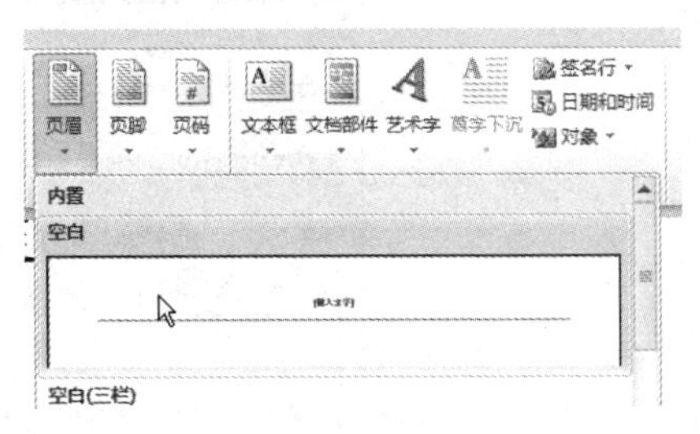

图 6.5 设置页眉

激活进入页眉区域。在“页眉和页脚”编辑界面，奇数页和偶数页会出现不同的编辑界面，在奇数页输入“淮北职业技术学院”并设置为右对齐，在偶数页输入“2012 级毕业设计”并设置为左对齐，如图 6.6 和图 6.7 所示。

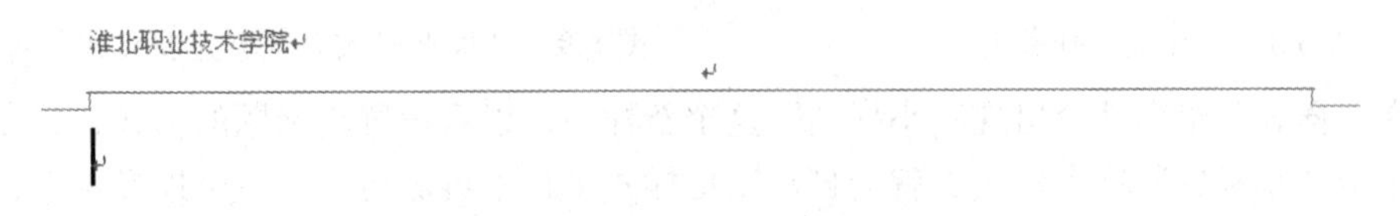

图 6.6 奇数页的页眉

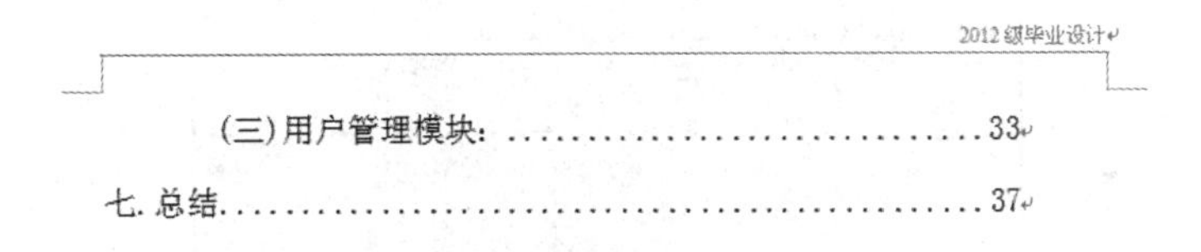

图 6.7 偶数页的页眉

④设置完成后，单击文档任意位置，返回文档。

提示：页眉和页脚的内容是需要在启动“页眉和页脚”界面时编辑的，对于“页眉和页脚”的文字格式设置和普通的文字设置格式是一样的。

6.3 样式的使用

1. 为毕业设计的小标题自定义一个新样式，新样式的名称为“小标题”，设置其格式为“黑体、四号、加粗”，把所有的小标题都替换为该样式。

【操作步骤】

①选中毕业设计的小标题“(一) 系统需求”，单击“开始”选项卡，在里面找到“样式”选项组，单击右下角的小箭头，弹出“样式”对话框，如图 6.8 所示，单击 按钮，打开“根据格式设置创建新样式”对话框，如图 6.9 所示。

②在“属性”里的“名称”里面输入“小标题”，并设置为“黑体、四号、加粗”，在设置的过程中在预览区域就能看到效果，设置完成后，单击“确定”按钮。

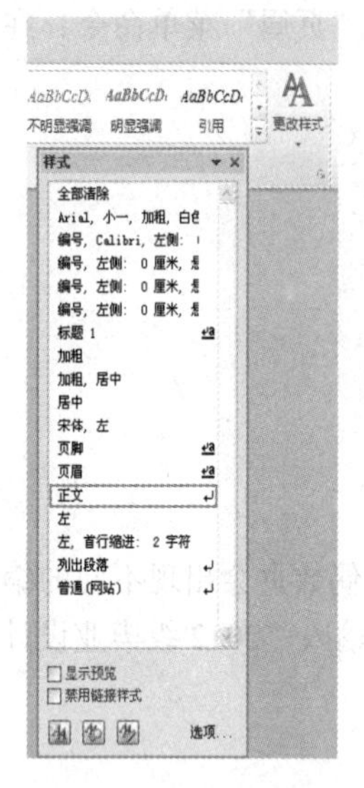

图 6.8 “样式”任务窗

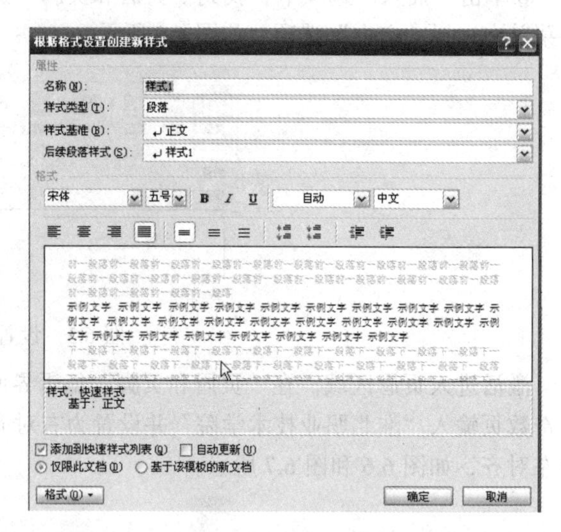

图 6.9 “根据格式设置创建新样式”对话框

③在“样式”组中就会出现“小标题”这个新样式，以后设置小标题的格式，只要选中小标题，再单击“小标题”这个样式，就会自动变更样式了，不再需要一个一个地设置了，如图 6.10 所示。

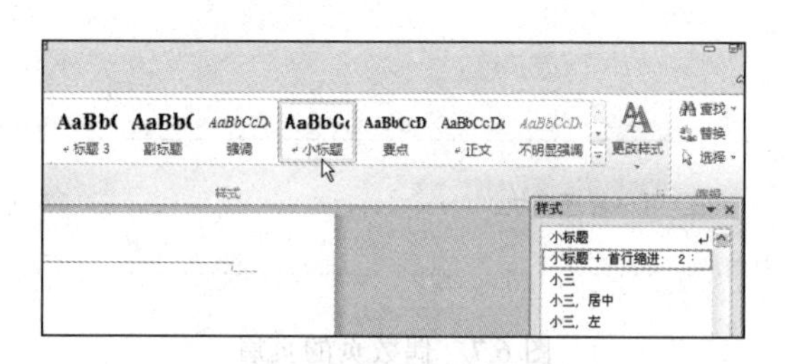

图 6.10 自定义的小标题

2. 论文的各种样式分别应用于论文的各级标题、正文。

打开“毕业设计.docx”，设置毕业设计的多级标题编号，自动生成目录。

【操作步骤】

①对于“毕业设计”这样的长文档来说，如果通过手动设置各级标题编号，工作量大而且容易出错，用 Word 2010 提供的编号功能来完成任务，会极大地提高工作效率。首先设置好文档中各级标题的样式，这一点非常重要，然后将光标停留在任意一个一级标题中，单击“开始”选项卡，单击“编辑”选项组中的“选择”，如图 6.11 所示。

图 6.11 编辑选项组

②单击“选择”后会弹出下拉菜单，在下拉菜单中选择“选择格式相似的文本”，如图 6.12 所示。

③完成以上操作后，再点击“开始”选项卡，在“段落”选项组内找到“多级列表”图标，

单击图标，弹出下拉菜单，在下拉菜单中选择“定义新的多级列表”选项，如图 6.13 所示。

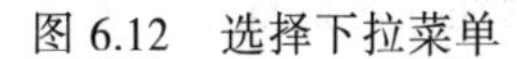

图 6.12 选择下拉菜单

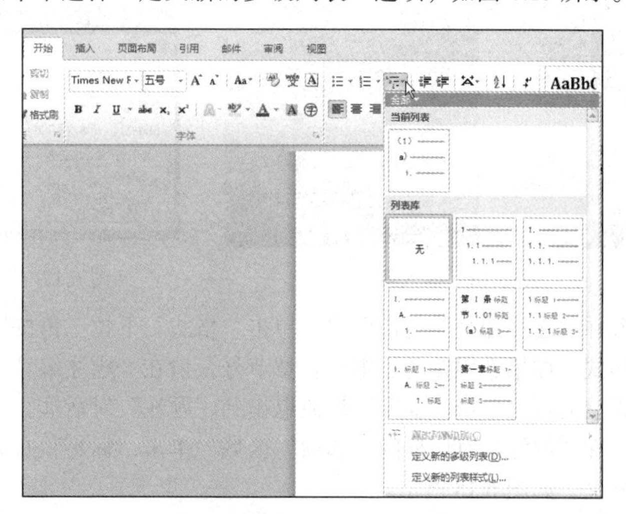

图 6.13 多级列表

④弹出“定义多级列表”对话框，单击左下角的“更多”，如图 6.14 所示。

⑤可以看到右边的选项“将级别链接到样式”，默认是“无样式”，按照级别，可以把一级列表链接到标题一，二级列表链接到标题二，以此类推，如图 6.15 所示。

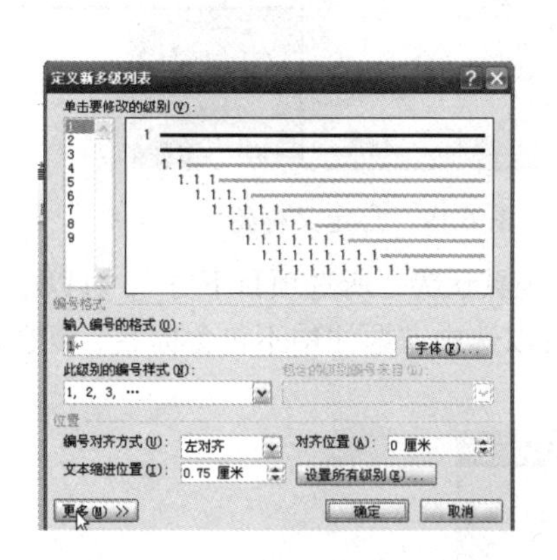

图 6.14 “定义新多级列表”对话框（一）

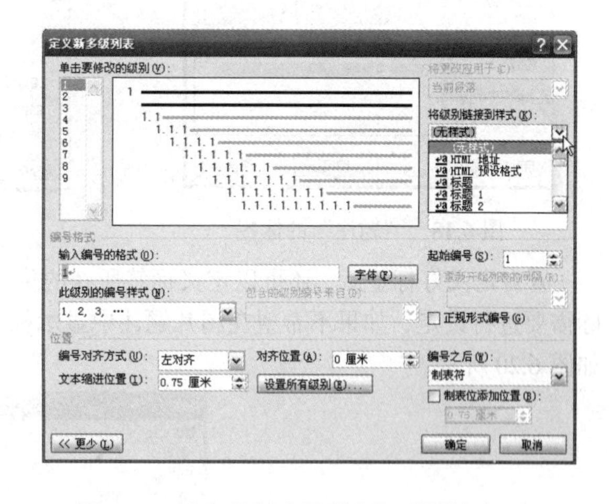

图 6.15 “定义新多级列表”对话框（二）

⑥完成设置后，单击“确定”按钮退出。

6.4 为图片添加题注

为“毕业论文.docx”，里面所有的图片添加题注，每个添加题注的图片会获得一个编号，在删除或添加图片时，所有的图片编号会自动改变，以保持编号的连续性。

【操作步骤】

①选中需要添加题注的图片，右击弹出快捷菜单，在快捷菜单中选择“插入题注”命令，如图 6.16 所示。

②在弹出的“题注”对话框中，单击“编号”按钮，如图 6.17 所示。

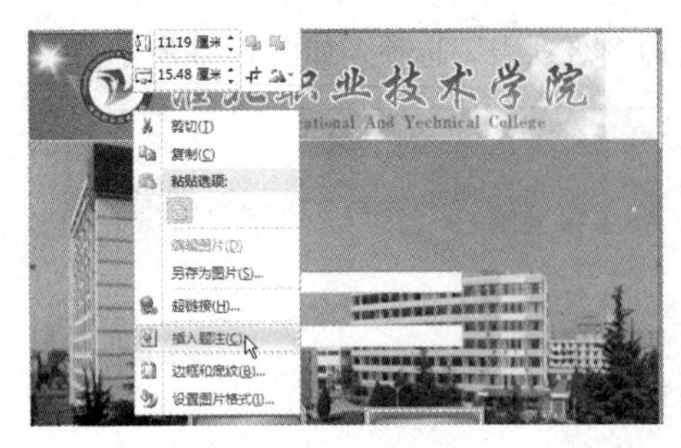

图 6.16 插入题注

图 6.17 “题注”和“题注编号”对话框

③在“题注编号”对话框中，单击“格式”下拉三角按钮，在打开的格式列表中选择合适的编号格式。如果希望在题注中包含章节号，请在“题注编号”对话框中选中“包含章节号”复选框，设置完成后单击“确定”按钮退出到“题注”对话框。

④在“题注”对话框的“选项”区域，单击“标签”右边的小三角，弹出下拉菜单，选择需要的标签，如图 6.18 所示。

⑤如果系统所给的标签不能满足需求，也可以自定义标签，在“题注”对话框中，单击“新建标签”按钮，在打开的“新建标签”对话框中自定义标签，如图 6.19 所示。

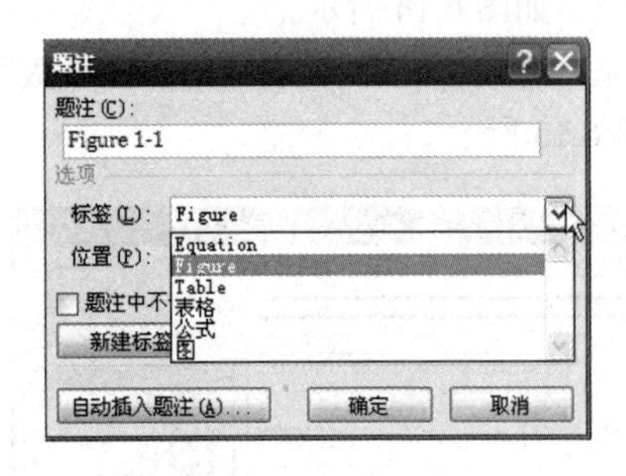

图 6.18 “题注”的标签

图 6.19 自定义标签

⑥自定义好标签后，还可以定义标签所在的位置，系统默认为“所选项目下方”，可以根据实际需要进行设定，如果不希望在图片题注中显示标签，可以选中“题注中不包含标签”复选框，如图 6.20 所示。

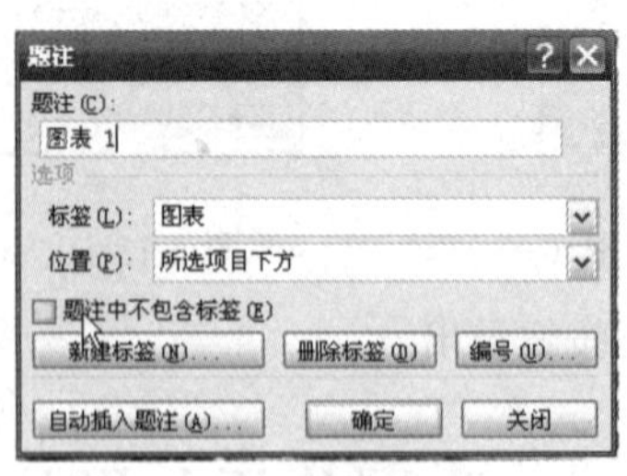

图 6.20 题注对话框

6.5 目录生成

在以上全部设置完成后，最后让整个毕业论文自动生成目录。

【操作步骤】

①在需要生成目录的地方单击，然后单击“引用”选项卡，在“目录”选项组中，单击“目录”，弹出下拉菜单，如图 6.21 所示。

②在弹出的下拉菜单中，单击“插入目录”选项，会弹出“目录”对话框，如图 6.22 所示，从中可以选择页码、对齐方式、制表符前导符等格式，然后自动生成目录。

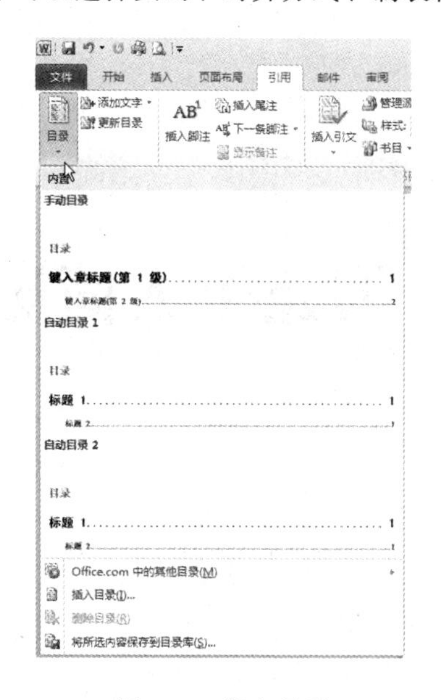

图 6.21 插入目录

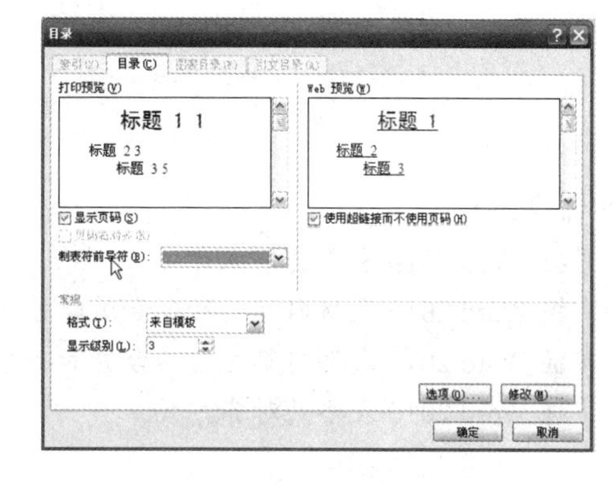

图 6.22 “目录”对话框

③完成设置后，单击“确定”按钮退出，就会自动生成目录了。

提示：在“毕业设计”这样的长文档中，通常会发现前言、目录、正文等部分设置了不同的页眉和页脚，如封面、目录等部分没有页眉，而正文部分设置了奇偶页不同的页眉和页脚。如果直接设置页眉页脚，则所有的页眉页脚都是一样的。那么如何为不同的部分设置不同的页眉页脚呢？其实很简单，大家只要加上“分节符”就可以解决了。

6.6 练 习

以自己的毕业设计或者一篇长文档为蓝本完成以下操作：

①新建样式要求：正文的格式为“五号、仿宋”，多倍行距为 1.25 行，首行缩进 2 个字符，并将“正文”样式应用于封面之后、字体为“楷体_GB2312”的文本中。

②利用二级标题样式生成目录，要求：目录中含有“标题 1”和“标题 2”。其中“目录”文本的格式为“居中、小二、黑体”。

实训7

创建个人简历

【实训目的】

1. 掌握 Word 2010 表格的建立方法。
2. 掌握 Word 2010 表格内容的修改和编辑方法。
3. 掌握 Word 2010 表格内单元格的合并和拆分方法。
4. 掌握 Word 2010 表格的对齐方式。

7.1　表格的建立

打开实例操作三文档“简历.docx”，完成以下操作：

建立一个 16×7 的表格，并在表格中输入图 7.1 所示的内容。

姓名		性别		出生年月		
民族		政治面貌		学历		
学制		籍贯				
专业		毕业院校				
技能特长和爱好						
外语等级						
个人简历						
时间	学习经历					
联系方式						
通讯地址				联系电话		
E-mail				微信		
自我介绍						

图 7.1　个人简历表格

【操作步骤】

①选定“插入”选项卡，在“表格”选项组内，单击“表格”，在弹出的下拉菜单中，选择“插入表格”，如图 7.2 所示。

②弹出“插入表格”对话框，在“表格尺寸”区域的“列数”输入 7，在“行数”输入 16，如图 7.3 所示，然后在单元格内输入如图 7.1 所示的内容，一个简单的表格就建立起来了。

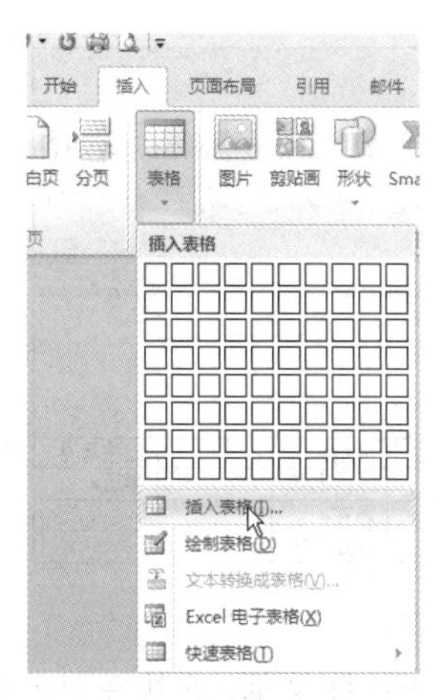

图 7.2　插入表格

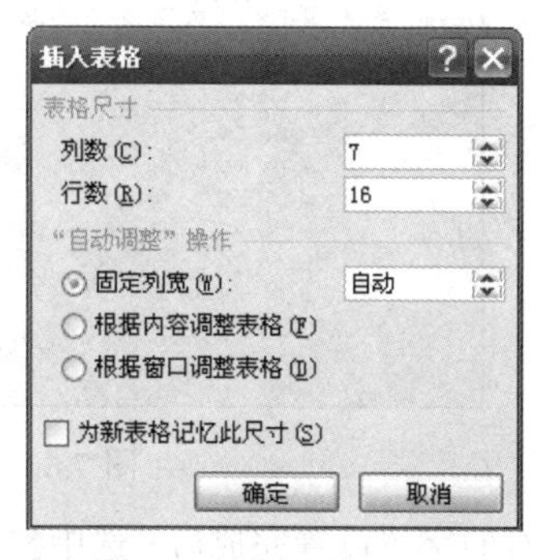

图 7.3　"插入表格"对话框

7.2　单元格的合并

对简历里的表格进行单元格的合并，得到图 7.4 所示的表格。

①选定要合并的单元格，右击，弹出快捷菜单，在快捷菜单中选择"合并单元格"，如图 7.5 所示，所选中的单元格就会合并成一个单元格。

②采用同样的操作，将表格中的单元格合并，就得到图 7.4 所示的个人简历表格。

姓名		性别		出生年月		
民族		政治面貌		学历		
学制		籍贯				
专业		毕业院校				
技能特长和爱好						
外语等级						
个人简历						
起止时间	学习经历					
联系方式						
通讯地址				联系电话		
E-mail				微信		
自我介绍						

图 7.4　进行单元格合并后的表格

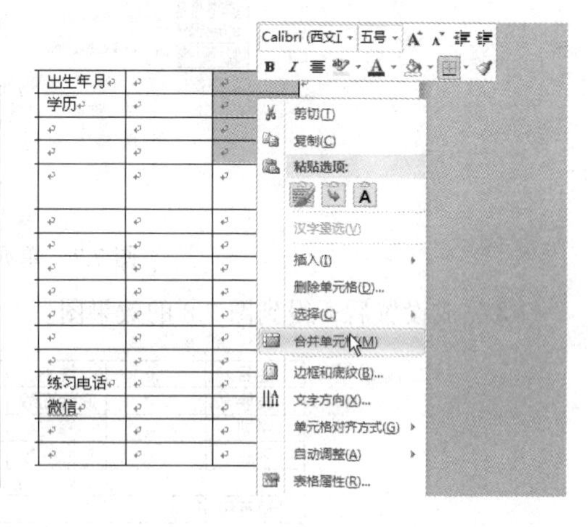

图 7.5　合并单元格

7.3　单元格字体设置

把表格的 1、2、3、4、6、8、13、14 行的单元格内的文字字体设置为"宋体" "小四"，对齐方式为"居中对齐"，把表格 5、7、12、15 行的单元格内的文字字体设置为"宋体" "小四" "加粗"，对齐方式也设置为"居中对齐"。

①选定要设定字体的单元格，单击"开始"选项卡，然后在"字体"选项组内进行设定，如图 7.6 所示。

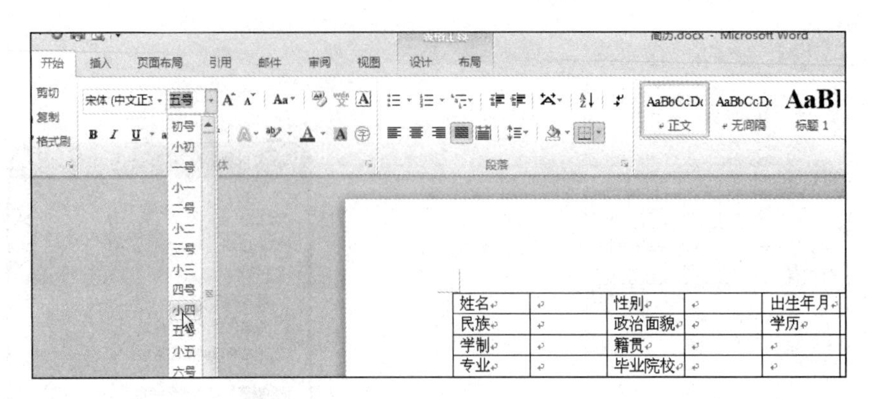

图 7.6　对表格中文字字体进行设置。

②所有的字体设置完成后，选中整个表格，然后右击，弹出快捷菜单，在快捷菜单中选择“单元格对齐方式”，如图 7.7 所示。在弹出的子菜单中，选择“居中对齐”。

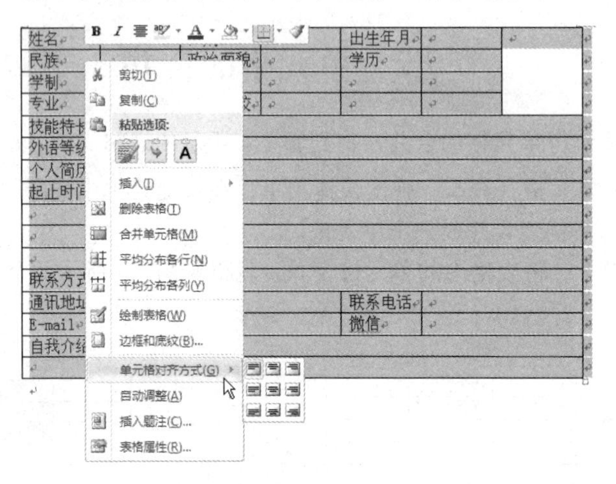

图 7.7　单元格内文字对齐方式

③完成设置后，得到图 7.8 的效果图。

姓名		性别		出生年月		
民族		政治面貌		学历		
学制		籍贯				
专业		毕业院校				
技能特长和爱好						
外语等级						
个人简历						
起止时间	学习经历					
联系方式						
通讯地址				联系电话		
E-mail				微信		
自我介绍						

图 7.8　文字设置后的效果图

7.4　边框与底纹

为 5、7、12、15 行单元格加“灰 10%”的底纹，同时为整个表格外框加双细线，磅值为 0.5 磅，然后为每个加底纹的单元格同样加双实线边框；设置所有单元格的高度为 1.2 厘米，并为表格加个标题，标题为“个人简历”，字体为“黑体”“加粗”“二号”。

①选定整个表格，右击，弹出快捷菜单，在快捷菜单中选择“边框和底纹”，弹出“边框和底纹”对话框，如图 7.9 所示，在边框选项卡内的“设置”选择自定义，把外框定义为双实线，宽度为 0.5 磅，里面定义为细实线，应用范围为“表格”。

②同样的办法，选定 5、7、12、15 行单元格外框设置为双实线，然后再单击“底纹”选项卡，如图 7.10 所示，在图案区域的样式里，选择“灰 10%”的底纹，应用于“单元格”

图 7.9　“边框和底纹”对话框

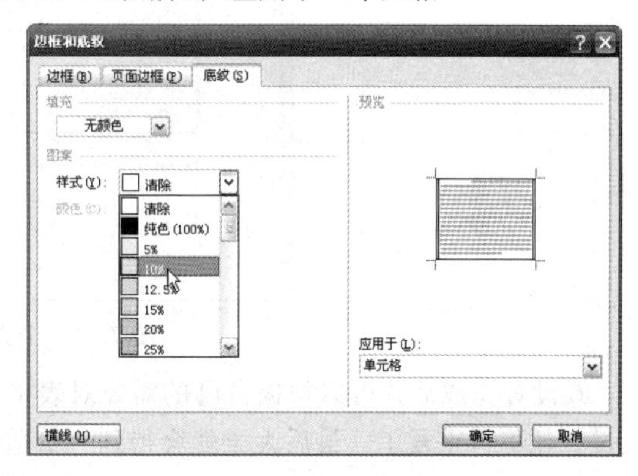

图 7.10　底纹的设置

③完成设置后，单击“确定”按钮退出，然后选定整个表格，这时候就会在选项卡区域出现图 7.11 所示的变化，即出现“表格工具”，这时候单击“布局”选项卡。

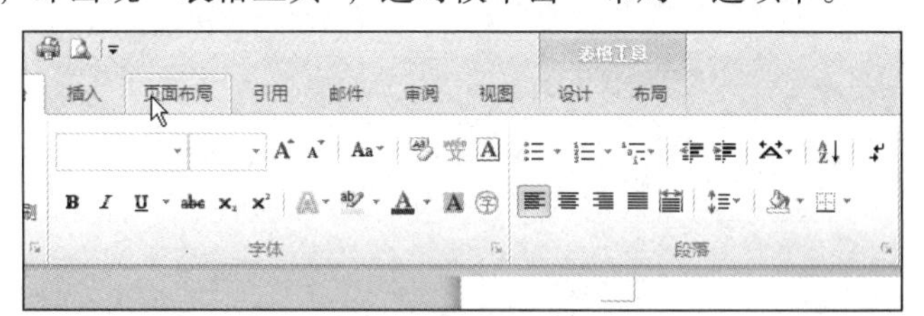

图 7.11　“表格工具”选项卡

④在“布局”选项卡内找到“单元格大小”选项组，在高度区域设定所有单元格的高度为 1.2 厘米，如图 7.12 所示。

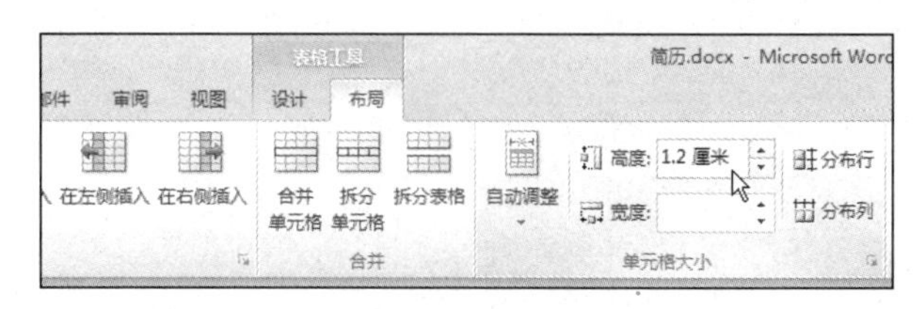

图 7.12　设定单元格的高度

⑤设置完成后，在表格前面或者后面加几个回车，然后拖动表格到合适的位置，再在表格上面加上标题“个人简历”，字体为“黑体”、“加粗”、“二号”，得到如图 7.13 所示的效果。

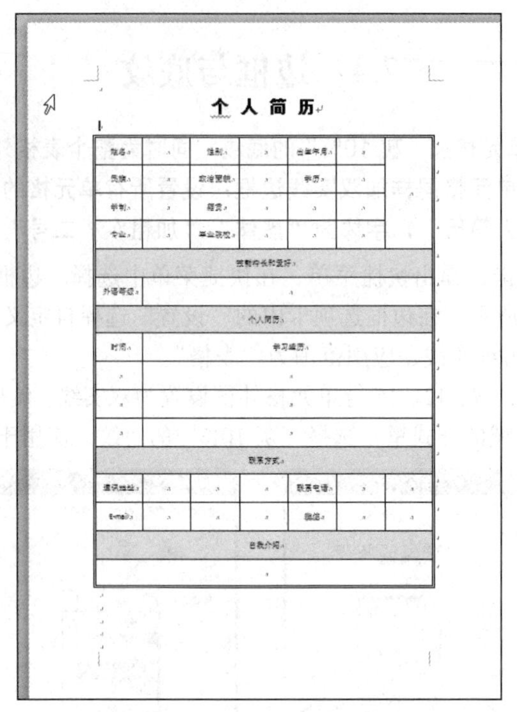

个 人 简 历

姓名		性别		出生年月		
民族		政治面貌		学历		
学制		籍贯				
专业		毕业院校				
技能特长和爱好						
外语等级						
个人简历						
时间	学习经历					
联系方式						
通讯地址				联系电话		
E-mail				微信		
自我介绍						

图 7.13　个人简历效果图

⑥设置完成后，可以根据自己的需要对表格里面的内容的字体加以调整，这在前面都已经涉及过，就不再重复了。最后大家就会得到一份适合自己需要的“个人简历”。

提示：在对表格操作时，一定要先选定再操作，很多同学在操作过后发现表格无变化，就是因为没有选定；对表格边框和底纹进行设置的时候要注意其应用范围；如果想改变“单元格”的高度，也可以在“单元格”内直接加回车或者直接用鼠标选择边线进行拖动。

实训 8

Excel 2010的基本操作

【实训目的】

1. 掌握工作簿、工作表的基本操作方法。
2. 掌握数据输入、编辑和修改各种类型数据的方法。
3. 掌握格式化数据的方法。
4. 掌握设置条件格式的方法。
5. 掌握设置数据有效性的方法。

制作一份“学生成绩统计表”如图 8.1 所示。

09计算机应用技术班学生成绩表

学号	姓名	性别	出生年月	邓论	英语	计算机基础	高数	总分	平均分	等级	名次
00220301	马　援	男	2013年5月1日	74	95	75	25	269	67.3	及格	8
00220302	姚　晨	女	2013年5月2日	85	84	84	65	318	79.5	中等	2
00220303	丁小哲	女	2013年5月3日	74	75	65	85	299	74.8	中等	5
00220304	王天晓	男	2013年5月4日	45	65	85	45	240	60.0	及格	9
00220305	赵小琳	女	2013年5月5日	85	84	95	75	339	84.8	良好	1
00220306	李雨彗	男	2013年5月6日	74	75	74	95	318	79.5	中等	2
00220307	张海燕	男	2013年5月7日	95	65	54	68	282	70.5	中等	6
00220308	王　松	女	2013年5月8日	85	95	74	57	311	77.8	中等	4
00220309	宋　夏	男	2013年5月9日	85	84	54	48	271	67.8	及格	7
平均分											

图 8.1　学生成绩统计表

8.1　新建一个工作簿

【操作步骤】

①启动 Excel 2010，创建一个新的工作簿。

②将 Sheet1 工作表更名为“09 计算机应用技术班”：在 Sheet1 工作表标签上右击，在弹出的快捷菜单中选择“重命名”命令，如图 8.2 所示。这时工作表会黑亮显示，直接输入文字“09 计算机应用技术班”。

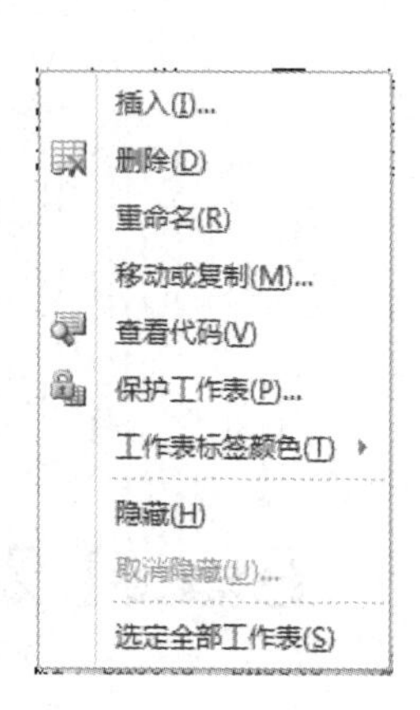

图 8.2 工作表重命名

8.2 输入表中数据

【操作步骤】

①在 A1 单元格中输入表格标题“09 计算机应用技术班学生成绩表”，在 A2:L2 区域输入表格的列标题，如图 8.3 所示。

	A	B	C	D	E	F	G	H	I	J	K	L
1	09计算机应用技术班学生成绩表											
2	学号	姓名	性别	出生年月	邓论	英语	计算机基础	高数	总分	平均分	等级	名次

图 8.3 表格标题和列标题

②利用填充柄输入学号：单元格中输入数据，如果是数值型数据则自动右对齐，文本型数据自动左对齐。选择 A3:A11 单元格区域，在“开始”选项卡“数字”区域中选择“文本”类型，在 A3 单元格中输入“000301”则所输入的数据是文本型数据，前面的“00”会保留，左对齐。然后按住“A3”单元格的填充柄进行向下填充。

③“姓名”和“性别”列的输入。

a. “姓名”列的数据输入可以按部就班一个个的输入，一般情况下班级学生按照学号排列基本是固定和不变的，为此对于这种数据的输入，为了以后数据处理的方便，可以把班级学生姓名制作“自定义序列”为好。

方法如下：选择“文件”选项卡下的“选项”，在弹出的“Excel 选项”窗口中选择“高级”选项，单击最后面的“编辑自定义列表”按钮，图 8.4 所示，弹出如图 8.5 所示的窗口，在“输入序列”文本框中直输入新的序列，输完一个要回车换行，然后“添加”就可以了。可以把姓名序列输入到“输入序列”文本框中，当然如果已经有工作表数据，因为在“输入序列”文本框中输入数据有可能出错，最好最直接的办法就是单击“导入”命令左边的，在已有的数据表中选择姓名区域，再单击“导入”按钮就可以把姓名新序列导入到自定义序列中。在工作表中任意输入姓名序列中的一个姓名就可以按循环进行填充，可以使工作简单化，如图 8.6 所示。

图 8.4　Excel 选项

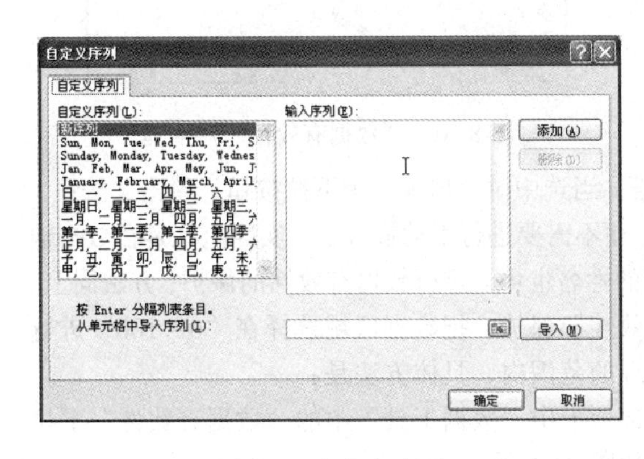

图 8.5　自定义序列

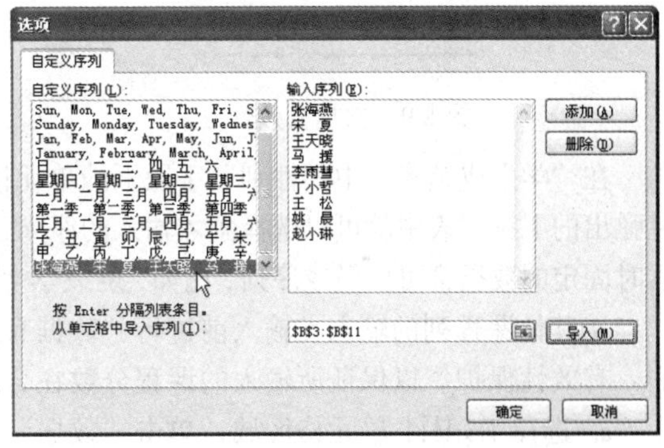

图 8.6　“姓名”自定义序列设置

b. “性别”列数据输入。

对于“性别”列数据的输入除了传统的方法外，我们主要采用快速的方法以简便输入。

方法如下：“性别”中男、女的输入，如果是连续单元格可以用鼠标左键按住不松选择连续区域，输入内容后按【Ctrl+Enter】组合键。如果是不连续单元格要先按【Ctrl】键，再按鼠标左键选好不连续区域，松开所按键盘和鼠标，在最后选择的一个单元格中输入内容，再按【Ctrl+ Enter】组合键，可以对选中的区域输入相同的内容，如图 8.7 和图 8.8 所示。

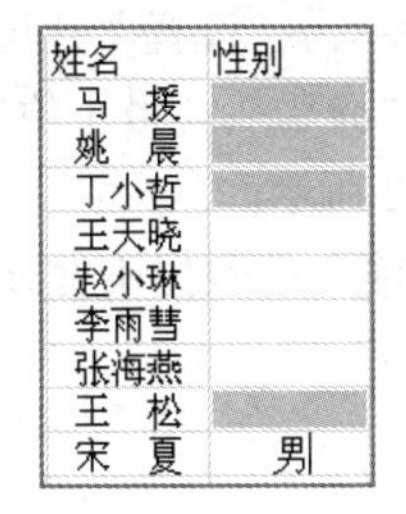

姓名	性别
马　援	
姚　晨	
丁小哲	
王天晓	
赵小琳	
李雨彗	
张海燕	
王　松	
宋　夏	男

图 8.7　选择不连续单元格

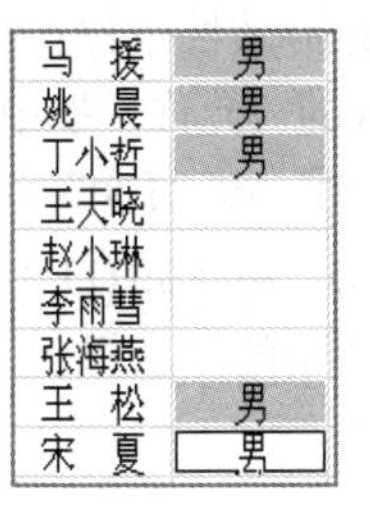

马　援	男
姚　晨	男
丁小哲	男
王天晓	
赵小琳	
李雨彗	
张海燕	
王　松	男
宋　夏	男

图 8.8　不连续单元格数据输入

也可以采用如下的方法进行“性别”列数据的输入，因为“性别”只有“男、女”，如果手动输入可能会输入错误，而不会进行错误检查，就会出现“性别”是其他内容的情况。可以利用“数据有效性”做成一个下拉列表，进行选择性输入，可以保证输入数据的正确性。

方法：先选定“学生成绩表”中“性别”字段下的单元格区域 C3:C11，单击“数据”选项卡，在“数据工具”组中，单击“数据有效性”按钮下的下拉箭头，在弹出的菜单中，选择“数据有效性”命令，如图 8.9 所示，打开“数据有效性”对话框。

在对话框中，单击“设置”选项卡，并单击“允许”右侧的下拉按钮，从中选择“序列”选项。

在下面“来源”方框中输入序列的各元素：男，女，注意男女中间的逗号必须是西文的逗号，再单击“确定”按钮返回，如图 8.10 所示。

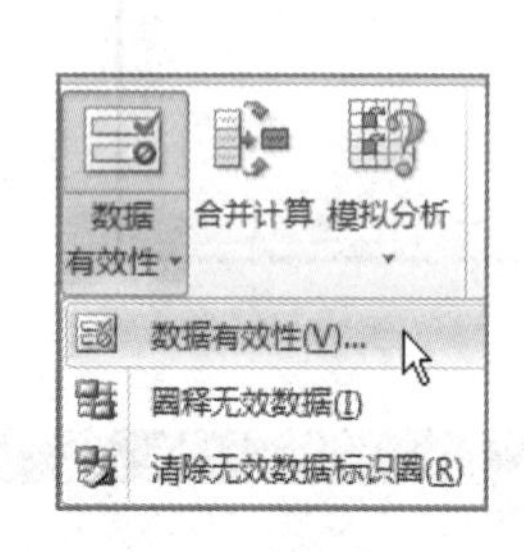

图 8.9 数据有效性

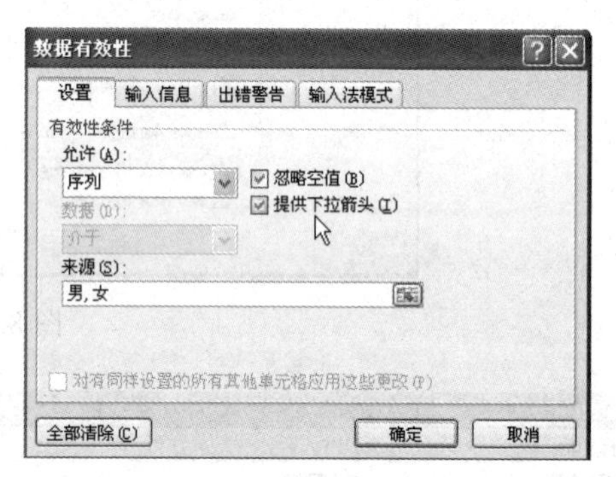

图 8.10 “数据有效性”对话框

在“学生成绩表”中“性别”字段下的单元格，当选中时会出现一个下拉按钮，单击此按钮，在弹出的下拉列表中就可以选择刚才输入的序列，而不需要进行手动输入了。实际上凡是在数据输入时固定的数据都可以做成序列，比如，班级学生的姓名也可以进行数据有效性的保护，方法同上。

④其他课程列的输入在输入前进行“数据有效性”保护，把数据区域选择在“0～100”进行输入有效性保护。以保证所输入的课程分数在合理的范围内，具体方法是：

a. 选择 E3:H11 单元格区域，单击“数据”选项卡中“数据工具”中的“数据有效性”下拉按钮，在下拉列表中选择“数据有效性”选项，如图 8.11 所示。

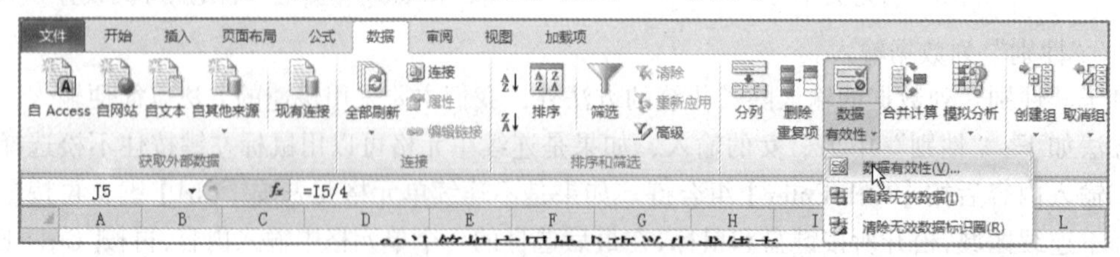

图 8.11 设置数据有效性

b. 设置数据有效性条件：在弹出的“数据有效性”对话框中单击“设置”选项卡，在“有效性条件”选项区的“允许”框中选择“小数”，“数据”框中选择“介于”，“最小值”和“最大值”栏中分别输入“0”和“100”，完成有效性条件的设置，如图 8.12 所示。

c. 输入数据：在 E3:H11 单元格区域分别输入各科成绩，当输入的数据不在该范围内时，则出现如图 8.13 所示的提示框。

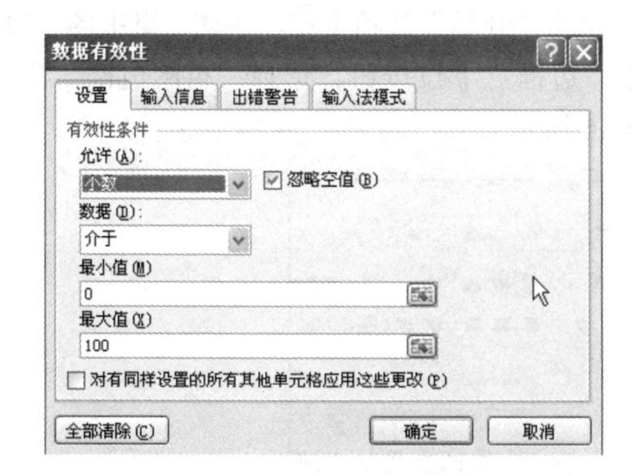

图 8.12　设置有效性条件

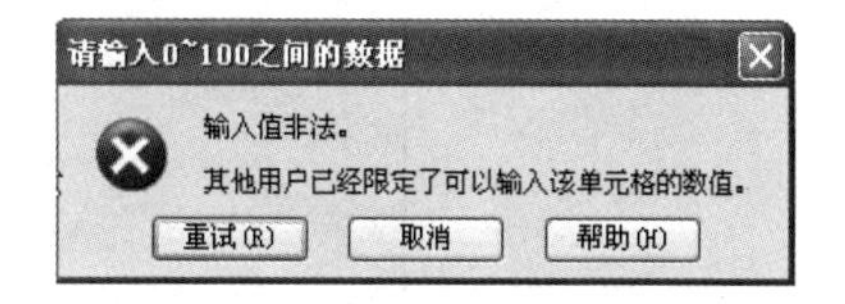

图 8.13　输入的数据非法

8.3　设置表格格式

【操作步骤】

①设置表格标题格式：选择 A1:L1 区域的单元格，单击“开始”选项卡中的“对齐方式”中的“合并后居中”菜单命令，然后通过“字体”组中的“字体”和“字号”选项将标题格式设置为“楷体”“18 号”，如图 8.14 所示。

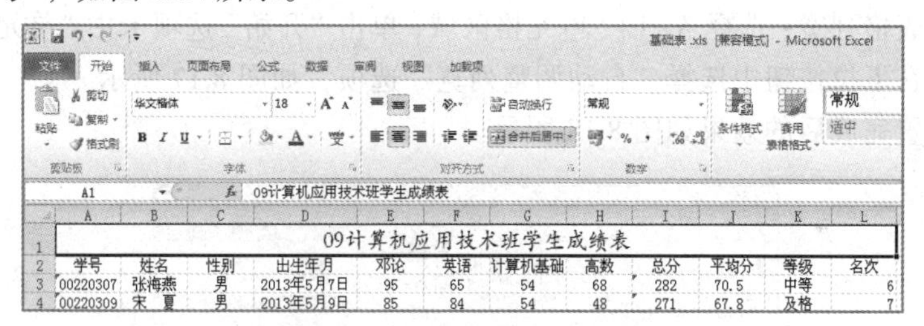

图 8.14　设置表格标题格式

②设置表格列标题格式：选择 A2:L2 区域的单元格，单击“开始”选项卡中“字体”组中的“颜色填充”下拉按钮，选择“白色，背景 1，深色 15%”。然后采用与第一步相同的方法将该区域单元格设置为“宋体”“14 号”“居中”，如图 8.15 所示。

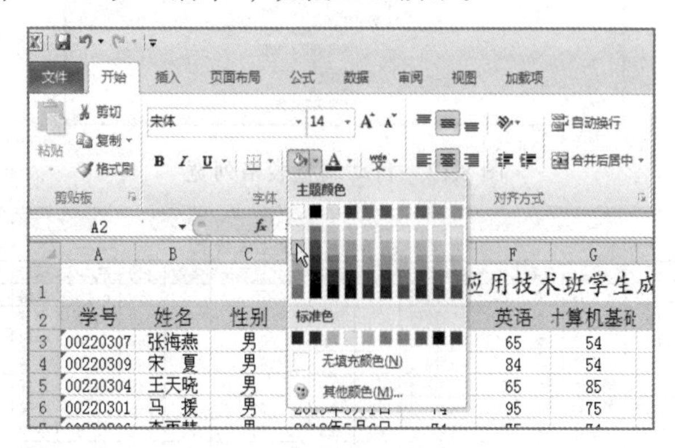

图 8.15　设置列标题格式

③设置表格内容格式：选择 A3:L12 区域单元格，设置该区域单元格格式为：“宋体”“14 号”“居中”。选择 A12:B12 单元格，设置为“合并后居中”。

④设置表格边框线：选择 A2:L12 区域单元格，单击“开始”选项卡中“字体”组中的“边框”下拉按钮，选择“所有边框”样式，然后再次单击“边框”下拉按钮，选择“粗匣边框”样式，为表格设置细的内边框线、粗的外边框线，如图 8.16 所示。

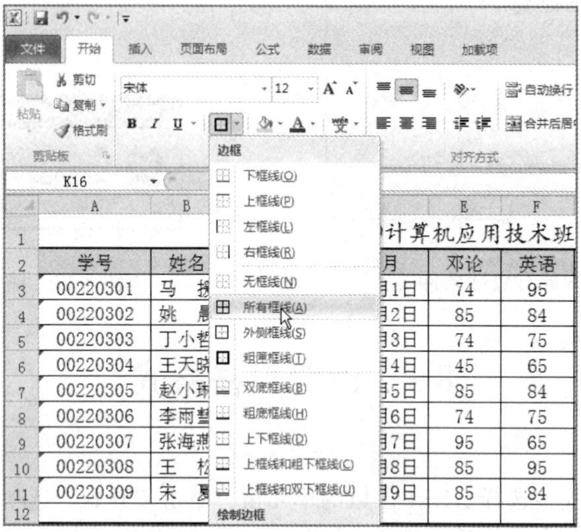

图 8.16 设置表格边框线

⑤自动调整表格列宽：选择 A2:L12 单元格区域，单击“开始”选项卡中“单元格”组中的“格式”下拉按钮，在下拉按钮中选择“自动调整列宽”选项，如图 8.17 所示。

表格格式设置完成后的效果如图 8.18 所示。

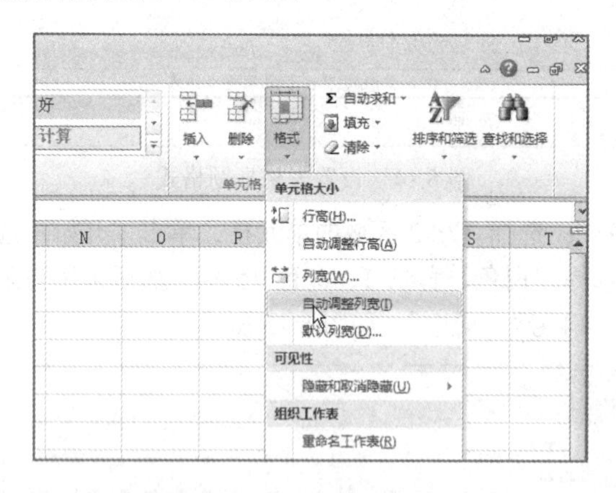

图 8.17 自动调整表格列宽

09计算机应用技术班学生成绩表											
学号	姓名	性别	出生年月	邓论	英语	计算机基础	高数	总分	平均分	等级	名次
00220301	马 援	男	2013年5月1日	74	95	75	25	269	67.3	及格	8
00220302	姚 晨	女	2013年5月2日	85	84	84	65	318	79.5	中等	2
00220303	丁小哲	女	2013年5月3日	74	75	65	85	299	74.8	中等	5
00220304	王天晓	男	2013年5月4日	45	65	85	45	240	60.0	及格	9
00220305	赵小琳	女	2013年5月5日	85	84	95	75	339	84.8	良好	1
00220306	李雨彗	男	2013年5月6日	74	75	74	95	318	79.5	中等	2
00220307	张海燕	男	2013年5月7日	95	6[illegible]	54	68	282	70.5	中等	6
00220308	王 松	女	2013年5月8日	85	95	74	57	311	77.8	中等	4
00220309	宋 夏	男	2013年5月9日	85	84	54	48	271	67.8	及格	7
平均分											

图 8.18 表格格式设置效果

8.4 设置条件格式

【操作步骤】

选择 E3:H11 单元格区域，单击“开始”选项卡“样式”组中的“条件格式”下拉按钮，选择“突出显示单元格规则”列表框中的“小于”选项，如图 8.19 所示。在弹出的对话框中按照图 8.20 所示设置内容。

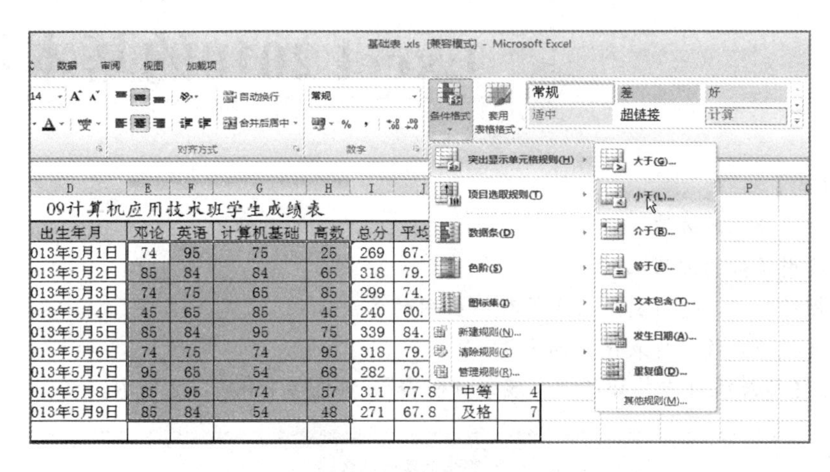

图 8.19 设置条件格式

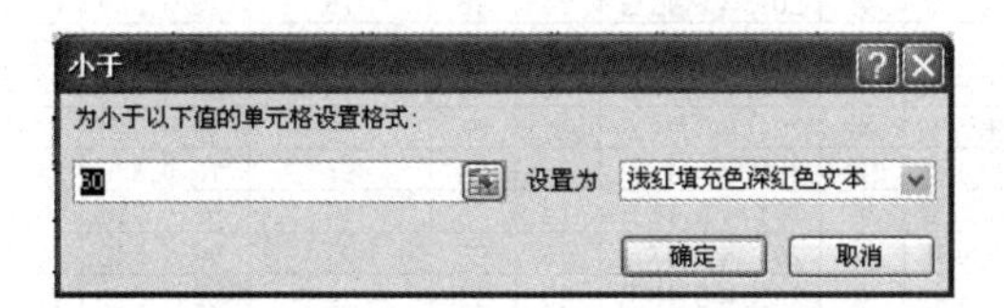

图 8.20 条件格式的条件与格式

条件格式设置完成后的效果如图 8.21 所示。

09计算机应用技术班学生成绩表											
学号	姓名	性别	出生年月	邓论	英语	计算机基础	高数	总分	平均分	等级	名次
00220301	马　援	男	2013年5月1日	74	95	75	25	269	67.3	及格	8
00220302	姚　晨	女	2013年5月2日	85	84	84	65	318	79.5	中等	2
00220303	丁小哲	女	2013年5月3日	74	75	65	85	299	74.8	中等	5
00220304	王天晓	男	2013年5月4日	45	65	85	45	240	60.0	及格	9
00220305	赵小琳	女	2013年5月5日	85	84	95	75	339	84.8	良好	1
00220306	李雨彗	男	2013年5月6日	74	75	74	95	318	79.5	中等	2
00220307	张海燕	男	2013年5月7日	95	65	54	68	282	70.5	中等	6
00220308	王　松	女	2013年5月8日	85	95	74	57	311	77.8	中等	4
00220309	宋　夏	男	2013年5月9日	85	84	54	48	271	67.8	及格	7
平均分											

图 8.21 表格设置效果图

实训 9

Excel 2010的基本运算

【实训目的】

1. 掌握使用公式的方法。
2. 掌握使用函数的方法。
3. 掌握相对引用、绝对引用及表间数据引用的方法。
4. 掌握隐藏公式及工作表保护的方法。

制作“学生成绩统计表”和“学生成绩分析表”，如图 9.1 和图 9.2 所示。

	A	B	C	D	E	F	G	H	I	J	K	L
1	学生成绩统计表											
2	学号	姓名	性别	出生年月	邓论	英语	计算机基础	高数	总分	平均分	等级	名次
3	00220301	马　援	男	2013年5月1日	74	95	75	25	269	67.3	及格	8
4	00220302	姚　晨	女	2013年5月2日	85	84	84	65	318	79.5	中等	2
5	00220303	丁小哲	女	2013年5月3日	74	75	65	85	299	74.8	中等	5
6	00220304	王天晓	男	2013年5月4日	45	65	85	45	240	60.0	及格	9
7	00220305	赵小琳	女	2013年5月5日	85	84	95	75	339	84.8	良好	1
8	00220306	李雨彗	男	2013年5月6日	74	75	74	95	318	79.5	中等	2
9	00220307	张海燕	男	2013年5月7日	95	65	54	68	282	70.5	中等	6
10	00220308	王　松	女	2013年5月8日	85	95	74	57	311	77.8	中等	4
11	00220309	宋　夏	男	2013年5月9日	85	84	54	48	271	67.8	及格	7
12	平均分				78.0	80.2	73.3	62.6				

图 9.1　学生成绩统计表

	A	B	C	D	E	F
1	09计算机应用班学生成绩分析表					
2				班级人数	9	
3	课程名称	邓论	英语	计算机基础	高数	
4	60分以下人数	1	0	2	4	
5	不及格率	11%	0%	22%	44%	
6						
7						

图 9.2　学生成绩分析表

9.1　计算“学生成绩统计表”中的“总分”

【操作步骤】

①打开“学生成绩统计表”。

②单击“09 计算机应用班”标签，选中 I3 单元格，可以使用公式或函数来求学生总分。先使用函数计算，然后单击公式编辑栏中的“fx”按钮，弹出“插入函数”对话框，进行操作。如图 9.3 和图 9.4 所示，如果要计算的单元格区域正确，单击“确定”按钮就可以把结果计算出

来，如果选择的单元格区域不正确，可以在参数 Mumber1 中重新输入正确的区域或单击“ =”按钮回到工作表中选择单元格区域，再回车回到函数窗口确定就可以了。如果对函数使用熟练也可以在选择计算结果存放的单元格直接输入参数对话框“=SUM(E3:H3)”再单击“ ”按钮或回车就可以把结果计算出来。

注意：在函数中如果要计算的单元格是连续的可以写成（E3:H3），如果是不连续的要写成（E3,F3,G3）的形式，对求和也可以使用“开始”功能区中的“自动求和”按钮进行计算，然后使用填充柄向下填充，就可以计算出所有学生的总分。

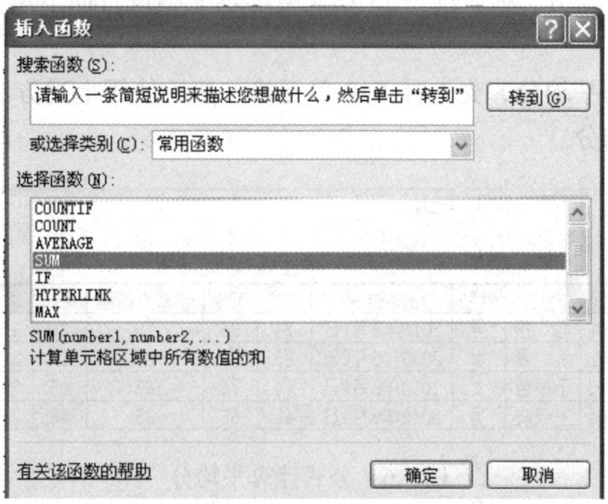

图 9.3 SUM 求和函数

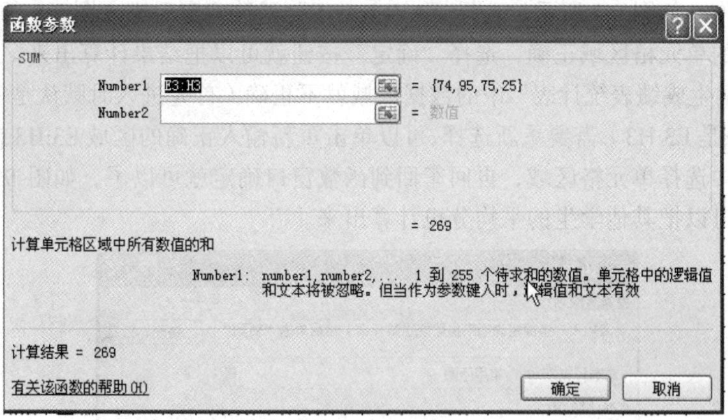

图 9.4 SUM 函数参数

使用公式进行计算也很简单，单击 I3 单元格，直接输入公式“=E3+F3+G3+H3”，如图 9.5 所示，再回车就可以计算出第一个学生的总分，然后使用填充柄向下填充，就可以计算出所有学生的总分。

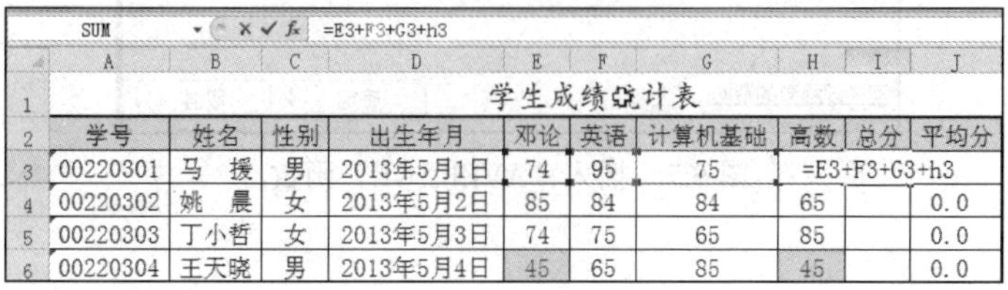

SUM =E3+F3+G3+h3

	A	B	C	D	E	F	G	H	I	J
1	学生成绩统计表									
2	学号	姓名	性别	出生年月	邓论	英语	计算机基础	高数	总分	平均分
3	00220301	马 援	男	2013年5月1日	74	95	75	=E3+F3+G3+h3		
4	00220302	姚 晨	女	2013年5月2日	85	84	84	65		0.0
5	00220303	丁小哲	女	2013年5月3日	74	75	65	85		0.0
6	00220304	王天晓	男	2013年5月4日	45	65	85	45		0.0

图 9.5 公式计算学生总分

9.2 计算“学生成绩统计表”中的平均分

“学生成绩统计表”要做两个平均分，一个是每个学生的 4 门课程的平均分，另一个是每门课程所有学生的平均分，依然可以使用公式和函数两种方法进行计算。

【操作步骤】

①公式方法：选择 J3 单元格，直接输入“=I3/4”或“=(E3+F3+G3+H3)/4”回车即可计算出第一个学生 4 门课程的平均分，然后按住 J3 单元格的填充柄进行向下填充，即可计算出其他学生的平均分，如图 9.6 所示。

为了计算每门课程的平均分，先选择 E12 单元格，然后使用上述方法进行计算再进行填充即可计算出 4 门课程的平均分。

SUM =I3/4

	A	B	C	D	E	F	G	H	I	J
1	学生成绩统计表									
2	学号	姓名	性别	出生年月	邓论	英语	计算机基础	高数	总分	平均分
3	00220301	马　援	男	2013年5月1日	74	95	75	25	269	=I3/4
4	00220302	姚　晨	女	2013年5月2日	85	84	84	65	318	
5	00220303	丁小哲	女	2013年5月3日	74	75	65	85	299	
6	00220304	王天晓	男	2013年5月4日	45	65	85	45	240	

图 9.6　公式计算平均分

②函数方法：先选择 J3 单元格，然后单击公式编辑栏中的“fx”按钮，进入“插入函数”对话框，进行操作。如图 9.7 所示，选择“AVERAGE”函数确定后进入图 9.8 所示界面。

如果要计算的单元格区域正确，选择“确定”按钮就可以把结果计算出来，如果单元格区域不正确，在此“学生成绩表统计表”中的数据区域就不正确（首先进入时默认是 E3:I3，把总分也计算进去了，应该是 E3:H3），需要重新选择，可以单击重新输入正确的区域 E3:H3 或单击“ ”按钮回到工作表中选择单元格区域，再回车回到函数窗口确定就可以了，如图 9.9 所示，然后用填充柄填充函数可以把其他学生的平均分也计算出来。

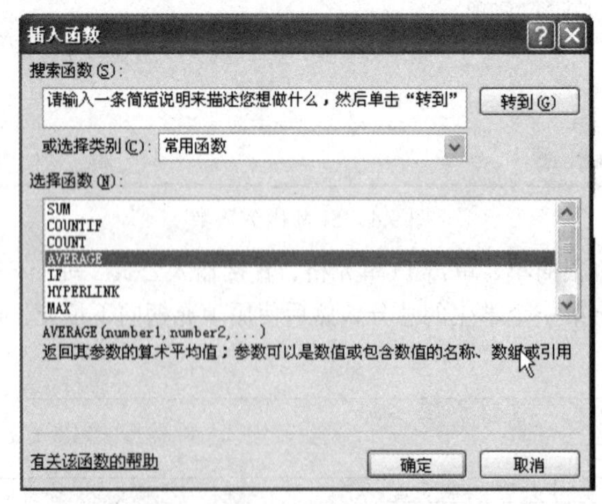

图 9.7　插入“AVERAGE”函数

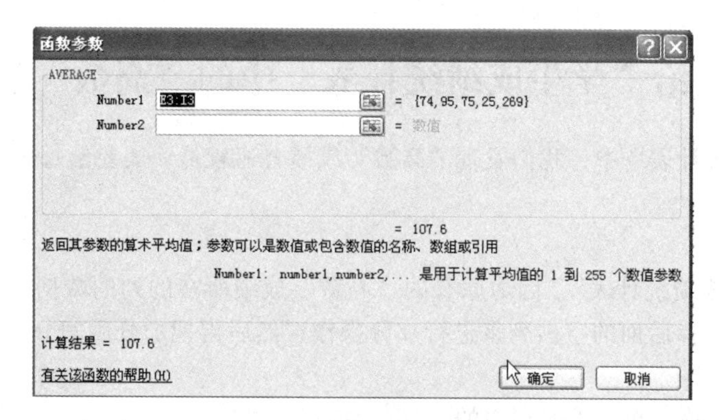

图 9.8　“AVERAGE”函数参数

	A	B	C	D	E	F	G	H	I	J
1	学生成绩统计表									
2	学号	姓名	性别	出生年月	邓论	英语	计算机基础	高数	总分	平均分
3	00220301	马　援	男	2013年5月1日	74	95	75	25	269	3:H3)
4	00220302	姚　晨								
5	00220303	丁小哲								
6	00220304	王天晓	男	2013年5月4日	45	65	85	45	240	

函数参数
E3:H3

图 9.9　设置函数参数

对于求每门课程的平均分，方法如上。最后计算平均分的结果如图 9.10 所示。

	A	B	C	D	E	F	G	H	I	J
1	学生成绩统计表									
2	学号	姓名	性别	出生年月	邓论	英语	计算机基础	高数	总分	平均分
3	00220301	马　援	男	2013年5月1日	74	95	75	25	269	67.3
4	00220302	姚　晨	女	2013年5月2日	85	84	84	65	318	79.5
5	00220303	丁小哲	女	2013年5月3日	74	75	65	85	299	74.8
6	00220304	王天晓	男	2013年5月4日	45	65	85	45	240	60.0
7	00220305	赵小琳	女	2013年5月5日	85	84	95	75	339	84.8
8	00220306	李雨彗	男	2013年5月6日	74	75	74	95	318	79.5
9	00220307	张海燕	男	2013年5月7日	95	65	54	68	282	70.5
10	00220308	王　松	女	2013年5月8日	85	95	74	57	311	77.8
11	00220309	宋　夏	男	2013年5月9日	85	84	54	48	271	67.8
12	平均分				78.0	80.2	73.3	62.6		

图 9.10　平均分计算结果

③实际上在计算平均分的结果时，有的结果是整数，有的结果是小数，为了保持统一的风格，需要进行小数位数的设置。选择平均分所在的单元格区域 J3:J11 和 E12:H12，单击“开始”选项卡“数字”组中的“减少小数位数命令”，如图 9.11 所示。每单击一次该选项，小数位数减少一位，直至保留两位小数。

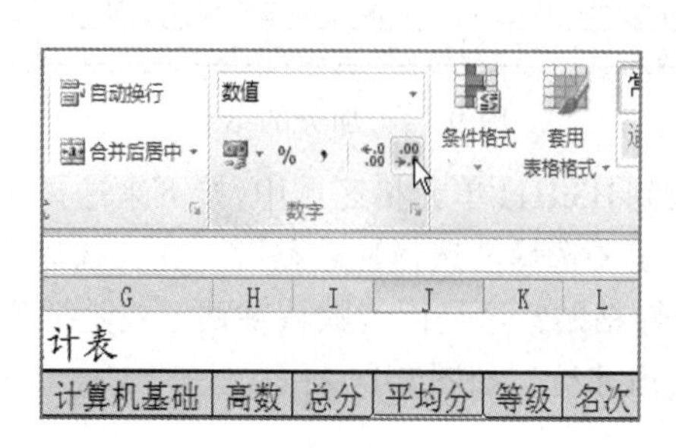

图 9.11　减少小数位数

9.3 给“学生成绩统计表”中的“高数”加分

在“学生成绩统计表”中，我们发现“高数”成绩普遍较低，需要给每个学生高数成绩加 10 分以使及格率增加。

【操作步骤】

①打开“学生成绩统计表”，因为原有的“高数”成绩所在的列的数据必须作为函数参数参与运算，所以我们选择后面的空白列来进行加分操作，然后再把加分后的分数复制到原有的“高数”列进行覆盖。

②选中 M3 单元格，单击编辑栏中的“ fx ”按钮，进入“插入函数”对话框，选择 IF 函数以后进入函数参数对话框，如图 9.12 所示。

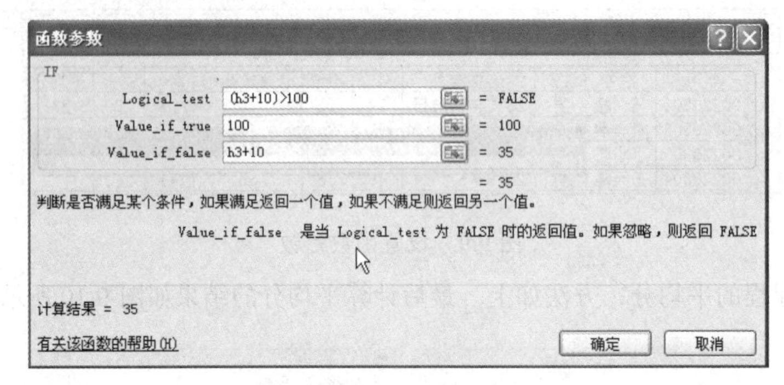

图 9.12 IF 函数使用

③在 logical_test，中输入“(H3+10)>100”是根据要求的条件，在 value_if_true 输入“100”，要求是超过 100 分时按 100 分算，是条件成立时执行的结果，在 value_if_false 中输入“H3+10”是条件不成立时执行的结果，是实际的加 10 分后的结果。选择确定后，在 M3 单元格就把第一个人的高数加分的结果算出来了，然后选择函数的填充就可以把其他的算出来了，如图 9.13 所示。

	A	B	C	D	E	F	G	H	I	J	K	L	M
1	学生成绩统计表												
2	学号	姓名	性别	出生年月	邓论	英语	计算机基础	高数	总分	平均分	等级	名次	
3	00220301	马　援	男	2013年5月1日	74	95	75	25	269	67.3	及格	8	35
4	00220302	姚　晨	女	2013年5月2日	85	84	84	65	318	79.5	中等	2	75
5	00220303	丁小哲	女	2013年5月3日	74	75	65	85	299	74.8	中等	5	95
6	00220304	王天晓	男	2013年5月4日	45	65	85	45	240	60.0	及格	9	55
7	00220305	赵小琳	女	2013年5月5日	85	84	95	75	339	84.8	良好	1	85
8	00220306	李雨彗	男	2013年5月6日	74	75	74	95	318	79.5	中等	2	100
9	00220307	张海燕	男	2013年5月7日	95	65	54	68	282	70.5	中等	6	78
10	00220308	王　松	女	2013年5月8日	85	95	74	57	311	77.8	中等	4	67
11	00220309	宋　夏	男	2013年5月9日	85	84	54	48	271	67.8	及格	7	58
12	平均分				78.0	80.2	73.3	62.6					

图 9.13 加分的结果

④因为加分后的结果要放到 H3:H11 单元格区域中，接下来选择 M3:M11 单元格区域后选择“复制”，再选择 H3 单元格后一定要选择“选择性粘贴”，在“选择性粘贴”选择“数值”选项，确定即可。为什么要用到选择性粘贴？这是因为默认粘贴方式是把公式、格式、值等都粘贴过去，会导致源数据出错，必须粘贴值才行，如图 9.14 所示。

	A	B	C	D	E	F	G	H	I	J	K	L	M
1	学生成绩统计表												
2	学号	姓名	性别	出生年月	邓论	英语	计算机基础	高数	总分	平均分	等级	名次	
3	00220301	马　援	男	2013年5月1日	74	95	75	35	269	67.3	及格	8	35
4	00220302	姚　晨	女	2013年5月2日	85	84	84	75	318	79.5	中等	2	75
5	00220303	丁小哲	女	2013年5月3日	74	75	65	95	299	74.8	中等	5	95
6	00220304	王天晓	男	2013年5月4日	45	65	85	55	240	60.0	及格	9	55
7	00220305	赵小琳	女	2013年5月5日	85	84	95	85	339	84.8	良好	1	85
8	00220306	李雨彗	男	2013年5月6日	74	75	74	100	318	79.5	中等	2	100
9	00220307	张海燕	男	2013年5月7日	95	65	54	78	粘贴选项:			6	78
10	00220308	王　松	女	2013年5月8日	85	95	74	67				4	67
11	00220309	宋　夏	男	2013年5月9日	85	84	54	58	271	67.8	及格	7	58
12	平均分				78.0	80.2	73.3	62.6					

图 9.14　选择性粘贴

选择性粘贴数值后，在 M3:M11 单元格区域的数值都发生了改变，这是因为 M3:M11 区域的数值是通过函数求得的，现在 H3:H11 区域的值改变了，它当然要改变了。最后删除 M3:M11 区域即可。

9.4　计算“学生成绩统计表”中的“等级”

等级的区分是按照平均分: >=90 是“优秀”; >=80 与<90 是“良好”; >=70 与<80 是“中等”; >60 是“及格”;<60 是“不及格”。

【操作步骤】

①选择 K3 单元格，输入“= IF(J3>=60,IF(J3>=70,IF(J3>=80,IF(J3>=90,"优秀","良好"),"中等"),"及格"),"不及格")”，然后单击编辑栏中的“✓”或回车即可把结果算出来，如图 9.15 所示。

K3　=IF(J3>=60,IF(J3>=70,IF(J3>=80,IF(J3>=90,"优秀","良好"),"中等"),"及格"),"不及格")

	A	B	C	D	E	F	G	H	I	J	K	L
1	学生成绩统计表											
2	学号	姓名	性别	出生年月	邓论	英语	计算机基础	高数	总分	平均分	等级	名次
3	00220301	马　援	男	2013年5月1日	74	95	75	35	279	69.8	及格	8
4	00220302	姚　晨	女	2013年5月2日	85	84	84	75	328	82.0		2
5	00220303	丁小哲	女	2013年5月3日	74	75	65	95	309	77.3		5
6	00220304	王天晓	男	2013年5月4日	45	65	85	55	250	62.5		9

图 9.15　“等级”计算

②拖动 K3 单元格的填充柄填充可以把其他的值显示出来，如图 9.16 所示。

	A	B	C	D	E	F	G	H	I	J	K
1	学生成绩统计表										
2	学号	姓名	性别	出生年月	邓论	英语	计算机基础	高数	总分	平均分	等级
3	00220301	马　援	男	2013年5月1日	74	95	75	35	279	69.8	及格
4	00220302	姚　晨	女	2013年5月2日	85	84	84	75	328	82.0	良好
5	00220303	丁小哲	女	2013年5月3日	74	75	65	95	309	77.3	中等
6	00220304	王天晓	男	2013年5月4日	45	65	85	55	250	62.5	及格
7	00220305	赵小琳	女	2013年5月5日	85	84	95	85	349	87.3	良好
8	00220306	李雨彗	男	2013年5月6日	74	75	74	100	323	80.8	良好
9	00220307	张海燕	男	2013年5月7日	95	65	54	78	292	73.0	中等
10	00220308	王　松	女	2013年5月8日	85	95	74	67	321	80.3	良好
11	00220309	宋　夏	男	2013年5月9日	85	84	54	58	281	70.3	中等
12	平均分				78.0	80.2	73.3	72.0			

图 9.16　“等级”填充结果

这时要注意在公式中出现的>=、<=、>、<、""、，等符号一定是英文状态下的符号，当然可以是汉字状态下的半角符号。在公式中出现的汉字和标点符号是不一样的，最好是退出汉字输入

状态，再输入标点符号就不会出错了，只有在输入汉字时再打开汉字输入状态，要特别注意。另外在公式输入中，参数之间要用“，”隔开，IF 函数的一对括号注意一定是成对出现的，前面有几个“(”，后面一定有相应个数的“)”，为了避免漏掉，在写 IF 函数时最好先把“( )”写好，然后把光标移动到括号中再写其他内容。

求学生等级有很多种方法，在教材中已经介绍。

9.5　计算“学生成绩统计表”中的“名次”

【操作步骤】

①我们按照学生“总分”来计算名次，选择第一个学生名次对应的“L3”单元格，然后单击公式编辑栏中的“fx”按钮，进入“插入函数”对话框，在“或选择类别”中选择“统计”，再选择下面的 RANK 函数以后进入“函数参数”对话框，如图 9.17 所示。

②在对话框中的 3 个 RANK 函数的参数，分别输入“I3”，即第一个人的总分单元格名称；第二个参数“$I$3:$I$11”，即所有学生“总分”单元格区域，因为是求 I3 在这个区域中的排名，而且这个区域是不变的，必须用绝对地址，第三个参数表明是排名方式。

当然第二个参数区域也可以单击“ ”按钮回到“成绩表”工作表中选择单元格区域 I3:I11，再把光标放到 I3 和 I11 中分别按【F4】键，把它们分别变成绝对地址。注意一定要是绝对地址，因为在其他人的名次填充时，这个范围是固定不变的。如果第二个参数输入的是相对地址 I3:I13，从第二个开始排名都是错误的，因为填充后第二个参数的范围改变了。

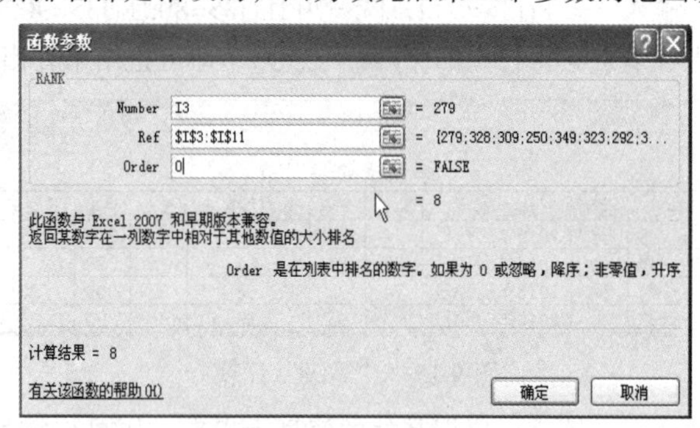

图 9.17　RANK 函数参数

③输入好 3 个参数后，单击“确定”按钮即可。然后单击 L3 单元格的填充柄向下填充就完成了名次的输入，结果如图 9.18 所示，可以看到名次都排好了。

学生成绩统计表

学号	姓名	性别	出生年月	邓论	英语	计算机基础	高数	总分	平均分	等级	名次
00220301	马　援	男	2013年5月1日	74	95	75	35	279	69.8	及格	8
00220302	姚　晨	女	2013年5月2日	85	84	84	75	328	82.0	良好	2
00220303	丁小哲	女	2013年5月3日	74	75	65	95	309	77.3	中等	5
00220304	王天晓	男	2013年5月4日	45	65	85	55	250	62.5	及格	9
00220305	赵小琳	女	2013年5月5日	85	84	95	85	349	87.3	良好	1
00220306	李雨彗	男	2013年5月6日	74	75	74	100	323	80.8	良好	3
00220307	张海燕	男	2013年5月7日	95	65	54	78	292	73.0	中等	6
00220308	王　松	女	2013年5月8日	85	95	74	67	321	80.3	良好	4
00220309	宋　夏	男	2013年5月9日	85	84	54	58	281	70.3	中等	7
平均分				78.0	80.2	73.3	72.0				

图 9.18　“名次”计算结果

9.6　计算“学生成绩分析表”中的“班级人数”

【操作步骤】

①将 Sheet3 工作表更名为“成绩分析表”，输入“成绩分析表”中的数据，设置表格格式如图 9.19 所示。

课程名称	邓论	英语	计算机基础	高数
60分以下人数				
不及格率				

图 9.19　输入“成绩分析表”数据

②插入函数：选中 E2 单元格，然后单击公式编辑栏中的“fx”按钮，进入“插入函数”对话框，选择“COUNT”函数，如图 9.20 所示。

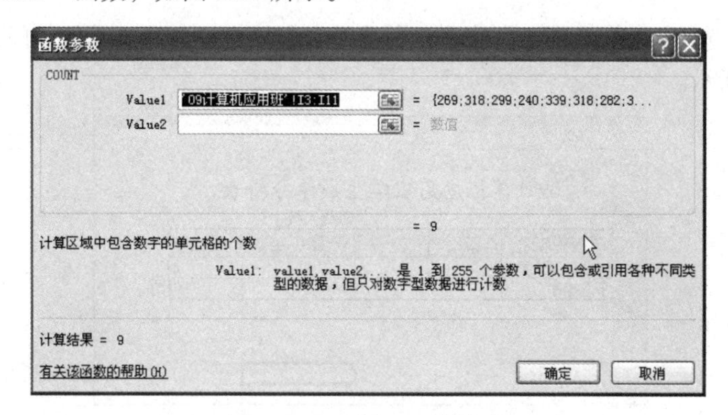

图 9.20　COUNT 函数参数

③设置函数参数：在“函数参数”对话框中单击“Value1”文本框右侧的“ ”按钮，单击“09 计算机应用班”工作表标签，进入“学生成绩统计表”选择该工作表中的 I3:I11 单元格区域，再回车回到 COUNT 函数参数设置界面，如图 9.20 所示。单击“确定”按钮，完成函数计算，统计出班级人数，如图 9.21 所示。

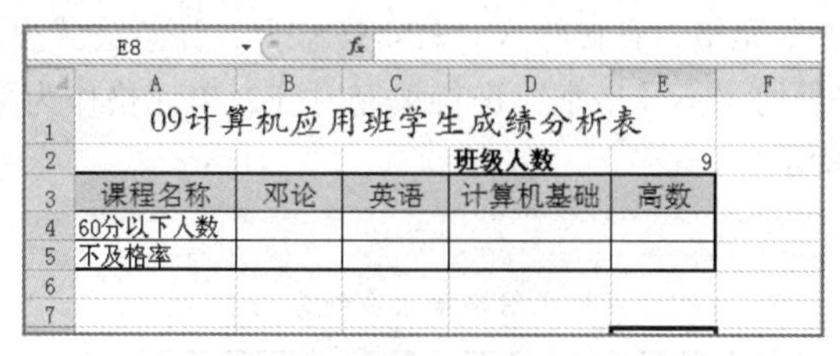

课程名称	邓论	英语	计算机基础	高数
60分以下人数				
不及格率				

图 9.21　计算“班级人数”

9.7　计算“学生成绩分析表”中的“60 分以下人数”

【操作步骤】

①插入函数：计算“邓论”成绩中不及格人数，选中 B4 单元格，然后单击公式编辑栏中的

“fx”按钮，进入“插入函数”对话框选择“COUNTIF”函数。

②设置函数参数：单击“函数参数”对话框的“Range”文本框右侧的“ ”按钮，单击“09 计算机应用班”工作表标签，进入“学生成绩统计表”选择该工作表中的 E3:E11 单元格区域，再回车回到 COUNTIF 函数参数设置界面，在“Criteria”文本框中参数设置为“<60”，如图 9.22 所示，单击“确定”按钮，统计出“邓论”课程分数小于 60 分的人数。

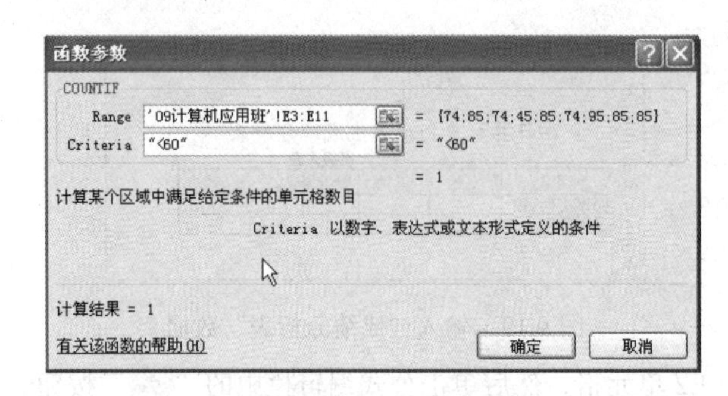

图 9.22 设置函数参数

③填充数据：选中 B4 单元格，拖动填充柄进行向右填充，计算出其他 3 门课程小于 60 分的人数，如图 9.23 所示。

	A	B	C	D	E	F
1	09计算机应用班学生成绩分析表					
2				班级人数	9	
3	课程名称	邓论	英语	计算机基础	高数	
4	60分以下人数	1	0	2	4	
5	不及格率					
6						
7						
8						
9						
10						

图 9.23 填充课程不及格人数

9.8 计算“学生成绩分析表”中的“不及格率”

【操作步骤】

①输入公式：单击 B5 单元格，直接输入“=B4/$E$2”，注意公式里面的 E2 单元格必须用绝对地址，因为在对其他课程的“不及格率”进行填充时 E2 单元格作为除数是不动的，都要除以班级人数 E2，如图 9.24 所示。

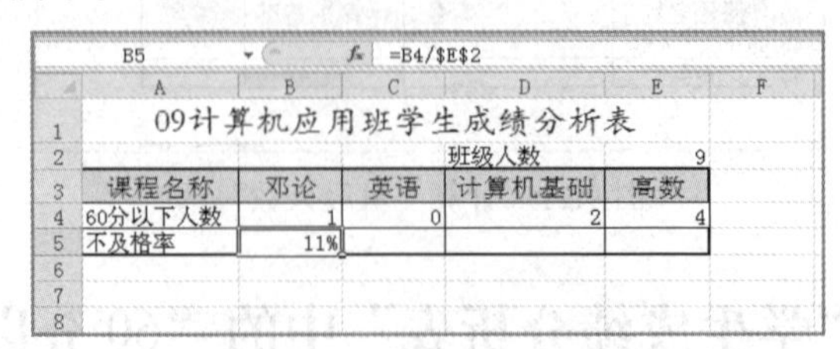

B5 fx =B4/$E$2

	A	B	C	D	E	F
1	09计算机应用班学生成绩分析表					
2				班级人数	9	
3	课程名称	邓论	英语	计算机基础	高数	
4	60分以下人数	1	0	2	4	
5	不及格率	11%				
6						
7						
8						

图 9.24 计算“不及格率”

②填充数据：选中 B5 单元格，拖动其填充柄向右进行填充，计算出其他 3 门课程的“不及格率”，如图 9.25 所示。

③设置数字格式：选择 B5:E5 单元格区域，单击“开始”选项卡中“数字”组中的“数字格式”下拉按钮，选择“百分比”格式，如图 9.26 所示，B5:E5 单元格区域中数字按照“百分比”格式显示。

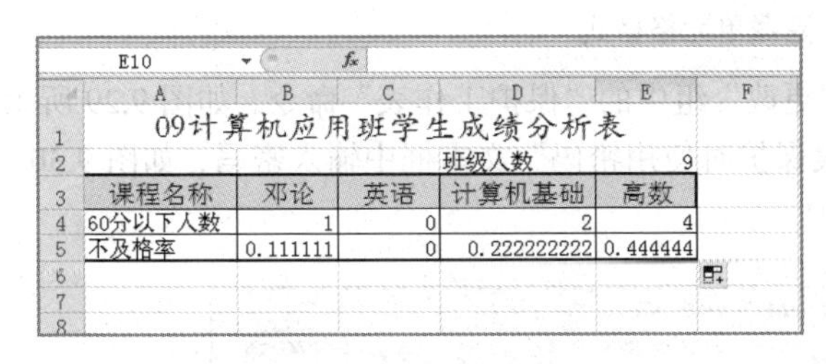

	A	B	C	D	E
1	09计算机应用班学生成绩分析表				
2				班级人数	9
3	课程名称	邓论	英语	计算机基础	高数
4	60分以下人数	1	0	2	4
5	不及格率	0.111111	0	0.222222222	0.444444

图 9.25　填充课程的“不及格率”

图 9.26　设置数字“百分比”格式

“学生成绩分析表”中的数据都使用公式或函数进行求解，是为了以后当“学生成绩统计表”中学生的原始课程成绩发生变动时，所有经过公式或函数求解的数据都会自动改变，可以保持数据的一致性。这也是我们在使用 Excel 时必须注意的一点，原则是尽可能地减少直接的数据输入，尽可能多的利用公式或函数求解数据。

9.9　保护工作表与隐藏公式

【操作步骤】

①隐藏单元格公式 6：选择 B5:E5 单元格区域，单击“开始”选项卡“单元格”组中的“数字格式”下拉按钮，选择“设置单元格格式”命令，如图 9.27 所示。在弹出的“设置单元格格式”对话框中单击“保护”标签，再选择“隐藏”复选框，如图 9.28 所示，单击“确定”按钮后完成设置。

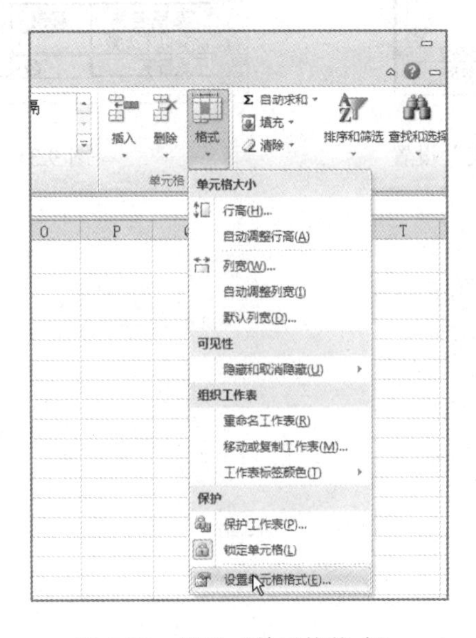

图 9.27　设置“单元格格式”

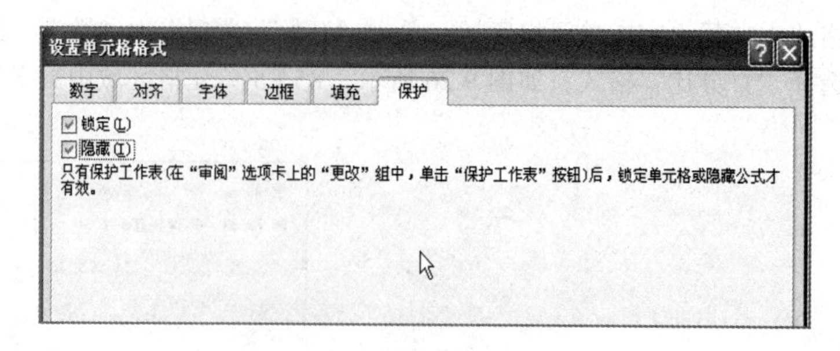

图 9.28　隐藏单元格格式

②保护工作表：选择“审阅”选项卡中“更改”组中的“保护工作表”命令，如图 9.29 所示，弹出“保护工作表”对话框，在“取消工作表保护时使用密码”文本框中输入密码，如图 9.30 所示，在“确认密码”之后，完成工作表的保护。

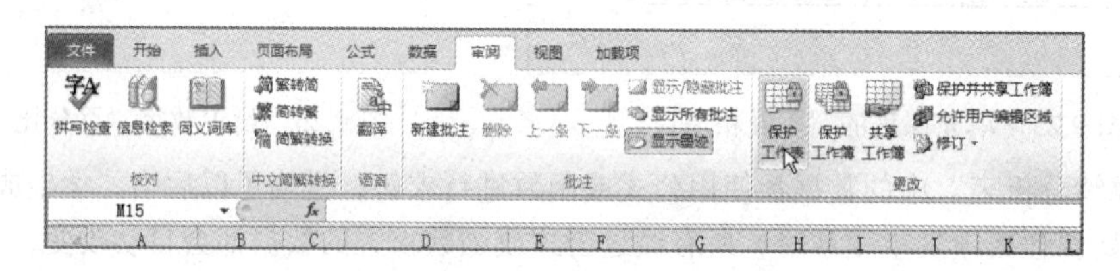

图 9.29　“保护工作表”选项

单击 B5:E5 单元格区域的任何一个单元格，“编辑栏”中均不显示其公式，如图 9.31 所示。

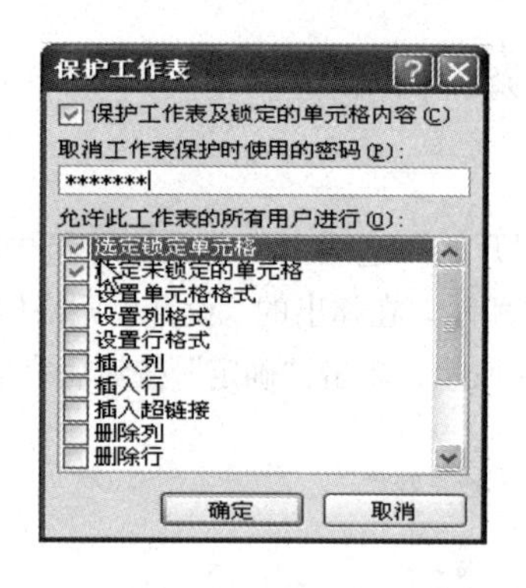

图 9.30　“保护工作表”设置

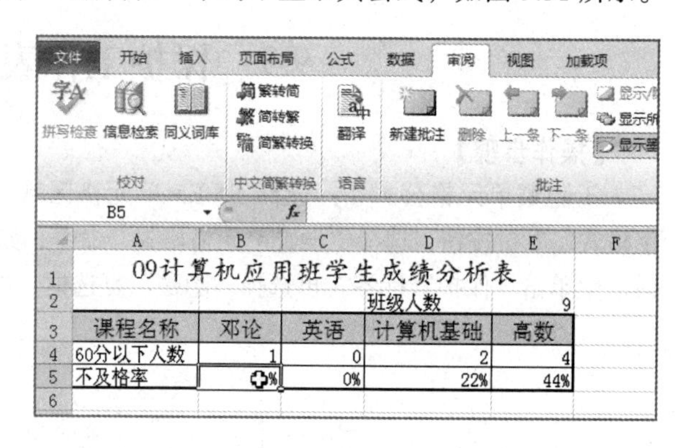

图 9.31　单元格公式隐藏

实训 10 Excel 2010的数据管理和分析

【实训目的】

1. 掌握数据的排序方法。
2. 掌握数据的筛选方法。
3. 掌握数据的分类汇总方法。

制作“商品销售统计表”如图 10.1 所示，并对表中数据进行管理。

	A	B	C	D	E	F	G	H	I
1	商品销售统计表								
2	出货单号	销售日期	商品类型	品牌	型号	单价	数量	销售金额	销售人员
3	20140501	2014年5月1日	电视机	海信	LED42EC260JD	￥2,380.00	12	￥28,560.00	李晓虹
4	20140502	2014年5月1日	洗衣机	海尔	XQG70-B10866	￥3,220.00	15	￥48,300.00	章华军
5	20140503	2014年5月1日	洗衣机	小天鹅	TG60-V1022E	￥2,080.00	20	￥41,600.00	章华军
6	20140504	2014年5月1日	冰箱	海尔	BCD-568WDPF	￥4,260.00	9	￥38,340.00	姚季华
7	20140505	2014年5月2日	空调	格力	KFR-35GW	￥3,710.00	12	￥44,520.00	刘志远
8	20140506	2014年5月2日	冰箱	美的	BCD-516WKM	￥4,150.00	8	￥33,200.00	杨卫玲
9	20140507	2014年5月2日	电视机	TCL	D42A261	￥3,360.00	5	￥16,800.00	王宏涛
10	20140508	2014年5月2日	电视机	海信	LED48EC280JD	￥3,260.00	15	￥48,900.00	李晓虹
11	20140509	2014年5月2日	空调	科龙	KF-23GW/ER	￥1,640.00	20	￥32,800.00	陈志敏
12	20140510	2014年5月3日	空调	格力	KFR-26GW	￥3,210.00	18	￥57,780.00	刘志远
13	20140511	2014年5月3日	电视机	康佳	LED42E320N	￥2,360.00	10	￥23,600.00	汤艳
14	20140512	2014年5月3日	电视机	海信	LED55EC280JD	￥4,210.00	10	￥42,100.00	李晓虹
15	20140513	2014年5月3日	空调	科龙	KFR-35GW/UG-N3	￥2,550.00	20	￥51,000.00	陈志敏
16	20140514	2014年5月4日	冰箱	海尔	BCD-225SECH-ES	￥2,860.00	16	￥45,760.00	姚季华
17	20140515	2014年5月4日	空调	科龙	KF-35GW/ER	￥2,110.00	15	￥31,650.00	陈志敏
18	20140516	2014年5月5日	冰箱	美的	BCD-516WKM	￥4,220.00	12	￥50,640.00	杨卫玲
19	20140517	2014年5月5日	电视机	TCL	LE48D8800	￥2,850.00	8	￥22,800.00	王宏涛
20	20140518	2014年5月5日	冰箱	美的	BCD-215TEM	￥2,320.00	12	￥27,840.00	杨卫玲
21	20140519	2014年5月6日	电视机	康佳	LED48K11A	￥3,120.00	6	￥18,720.00	汤艳
22	20140520	2014年5月7日	空调	格力	KFR-32GW	￥3,580.00	9	￥32,220.00	刘志远
23	20140521	2014年5月7日	冰箱	美的	BCD-206TGM	￥1,830.00	18	￥32,940.00	杨卫玲
24	20140522	2014年5月9日	洗衣机	海尔	XQG60-B1226AW	￥3,980.00	16	￥63,680.00	章华军
25									

图 10.1　商品销售统计表

10.1　制作“商品销售统计表”

【操作步骤】

①录入“商品销售统计表”中除“销售金额”以外的所有数据。

②计算“销售金额”：根据公式（销售金额=单价×数量）计算出所有的“销售金额”数据，如图 10.1 所示。

③将该工作表重命名为“销售统计表”。

10.2 排　　序

【操作步骤】

①单击“数量”列的任意一个单元格。

②选择“数据”选项卡“排序和筛选”组中的“降序”命令，完成单关键字排序，如图 10.2 所示。

	A	B	C	D	E	F	G	H	I
1	商品销售统计表								
2	出货单号	销售日期	商品类型	品牌	型号	单价	数量	销售金额	销售人员
3	20140501	2014年5月1日	电视机	海信	LED42EC260JD	￥2,380.00	12	￥28,560.00	李晓虹
4	20140502	2014年5月1日	洗衣机	海尔	XQG70-B10866	￥3,220.00	15	￥48,300.00	章华军
5	20140503	2014年5月1日	洗衣机	小天鹅	TG60-V1022E	￥2,080.00	20	￥41,600.00	章华军
6	20140504	2014年5月1日	冰箱	海尔	BCD-568WDPF	￥4,260.00	9	￥38,340.00	姚季华
7	20140505	2014年5月2日	空调	格力	KFR-35GW	￥3,710.00	12	￥44,520.00	刘志远
8	20140506	2014年5月2日	冰箱	美的	BCD-516WKM	￥4,150.00	8	￥33,200.00	杨卫玲
9	20140507	2014年5月2日	电视机	TCL	D42A261	￥3,360.00	5	￥16,800.00	王宏涛
10	20140508	2014年5月2日	电视机	海信	LED48EC280JD	￥3,260.00	15	￥48,900.00	李晓虹
11	20140509	2014年5月2日	空调	科龙	KF-23GW/ER	￥1,640.00	20	￥32,800.00	陈志敏
12	20140510	2014年5月3日	空调	格力	KFR-26GW	￥3,210.00	18	￥57,780.00	刘志远

图 10.2　按“数量”进行降序排序

10.3　多关键字排序

【操作步骤】

①选择参加排序的数据区域 A2:I24，选择“数据”选项卡“排序和筛选”组中的“排序”命令，打开“排序”对话框，如图 10.3 所示。

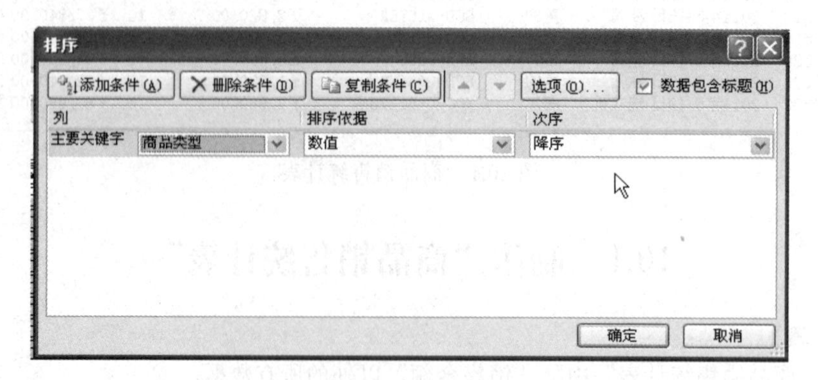

图 10.3　“排序”对话框

②确定排序关键字：在“排序”对话框中，主关键字选择“商品类型”，排序依据选择“数值”，次序选择“降序”。再单击“添加条件”按钮，出现次关键字设置的相关选项，次关键字选择“品牌”，排序依据选择“数值”，次序选择“降序”。用同样的方法设置第三关键字的相

关选项，第三关键字选择“数量”，排序依据选择“数值”，次序选择“降序”，如图 10.4 所示，单击“确定”按钮完成多关键字的排序。

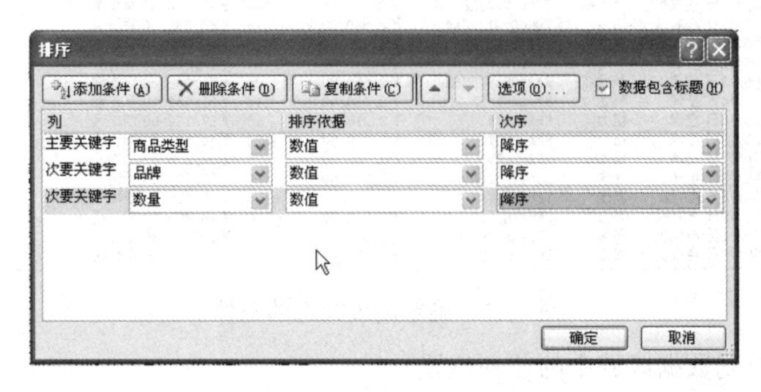

图 10.4　设置“排序”关键字

10.4　自动筛选

【操作步骤】

①把光标放到表中数据区域的任一位置，选择“数据”选项卡“排序和筛选”组中的“筛选”命令。此时，表中各列标题旁出现下拉按钮，如图 10.5 所示。

②单击“销售日期”旁的下拉按钮，在弹出的下拉列表中选择“2014 年 5 月 2 日”，如图 10.6 所示。同样的方法在“商品类型”中选择“电视机”，确定后筛选出 2014 年 5 月 2 日电视机的相关销售数据。

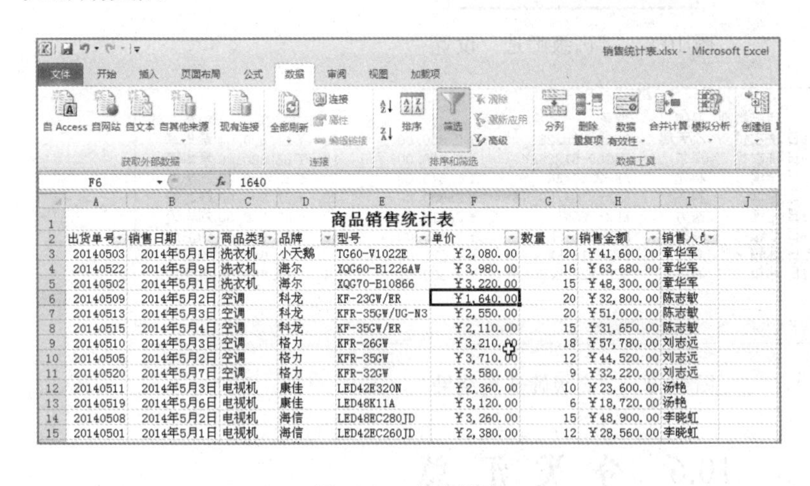

商品销售统计表

出货单号	销售日期	商品类型	品牌	型号	单价	数量	销售金额	销售人员
20140503	2014年5月1日	洗衣机	小天鹅	TG60-V1022E	￥2,080.00	20	￥41,600.00	章华军
20140522	2014年5月9日	洗衣机	海尔	XQG60-B1226AW	￥3,980.00	16	￥63,680.00	章华军
20140502	2014年5月1日	洗衣机	海尔	XQG70-B10866	￥3,220.00	15	￥48,300.00	章华军
20140509	2014年5月2日	空调	科龙	KF-23GW/ER	￥1,640.00	20	￥32,800.00	陈志敏
20140513	2014年5月3日	空调	科龙	KFR-35GW/UG-N3	￥2,550.00	20	￥51,000.00	陈志敏
20140515	2014年5月4日	空调	科龙	KF-35GW/ER	￥2,110.00	15	￥31,650.00	陈志敏
20140510	2014年5月3日	空调	格力	KFR-26GW	￥3,210.00	18	￥57,780.00	刘志远
20140505	2014年5月2日	空调	格力	KFR-35GW	￥3,710.00	12	￥44,520.00	刘志远
20140520	2014年5月7日	空调	格力	KFR-32GW	￥3,580.00	9	￥32,220.00	刘志远
20140511	2014年5月3日	电视机	康佳	LED42E320N	￥2,360.00	10	￥23,600.00	汤艳
20140519	2014年5月6日	电视机	康佳	LED48K11A	￥3,120.00	6	￥18,720.00	汤艳
20140508	2014年5月2日	电视机	海信	LED48EC280JD	￥3,260.00	15	￥48,900.00	李晓虹
20140501	2014年5月1日	电视机	海信	LED42EC260JD	￥2,380.00	12	￥28,560.00	李晓虹

图 10.5　自动筛选

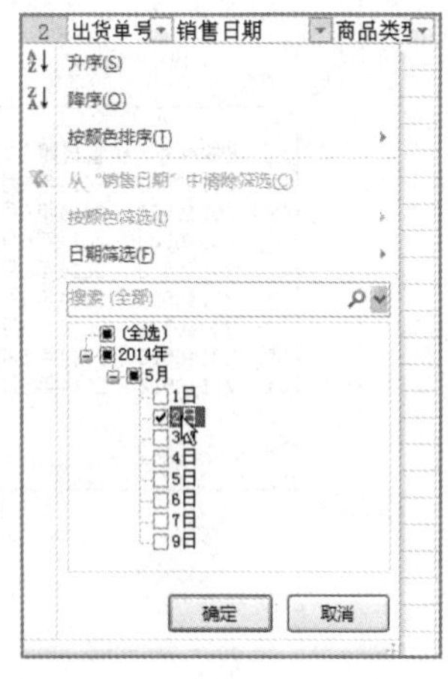

图 10.6　确定自动筛选条件

10.5　高级筛选

【操作步骤】

①在表格外任选一个空白区域，输入相应的条件，条件在同一行表示“与”的关系，在不同行表示“或”的关系，如图 10.7 所示。需要注意的是在写条件时出现的符号一定是半角符号。

	A	B	C	D	E	F	G	H	I	J	K	L
1	商品销售统计表											
2	出货单号	销售日期	商品类型	品牌	型号	单价	数量	销售金额	销售人员			
3	20140503	2014年5月1日	洗衣机	小天鹅	TG60-V1022E	￥2,080.00	20	￥41,600.00	章华军			
4	20140522	2014年5月9日	洗衣机	海尔	XQG60-B1226AW	￥3,980.00	16	￥63,680.00	章华军			
5	20140502	2014年5月1日	洗衣机	海尔	XQG70-B10866	￥3,220.00	15	￥48,300.00	章华军			
6	20140509	2014年5月2日	空调	科龙	KF-23GW/ER	￥1,640.00	20	￥32,800.00	陈志敏		数量	销售金额
7	20140513	2014年5月3日	空调	科龙	KFR-35GW/UG-N3	￥2,550.00	20	￥51,000.00	陈志敏		>15	
8	20140515	2014年5月4日	空调	科龙	KF-35GW/ER	￥2,110.00	15	￥31,650.00	陈志敏			>50000
9	20140510	2014年5月3日	空调	格力	KFR-26GW	￥3,210.00	18	￥57,780.00	刘志远			
10	20140505	2014年5月2日	空调	格力	KFR-35GW	￥3,710.00	12	￥44,520.00	刘志远			
11	20140520	2014年5月7日	空调	格力	KFR-32GW	￥3,580.00	9	￥32,220.00	刘志远			
12	20140511	2014年5月3日	电视机	康佳	LED42E320N	￥2,360.00	10	￥23,600.00	汤艳			
13	20140519	2014年5月6日	电视机	康佳	LED48K11A	￥3,120.00	6	￥18,720.00	汤艳			
14	20140508	2014年5月2日	电视机	海信	LED48EC280JD	￥3,260.00	15	￥48,900.00	李晓虹			
15	20140501	2014年5月1日	电视机	海信	LED42EC260JD	￥2,380.00	12	￥28,560.00	李晓虹			
16	20140512	2014年5月3日	电视机	海信	LED55EC280JD	￥4,210.00	10	￥42,100.00	李晓虹			

图 10.7　确定高级筛选的条件

②把光标重新放到数据区域中的任一位置。

③选择“数据”选项卡“排序和筛选”组中的“高级”命令，弹出“高级筛选”对话框，选择“方式”中“将筛选结果复制到其他位置”单选项，在“列表区域”中选择要参加筛选的数据区域，在“条件区域”中选择条件所在的单元格区域，在“复制到”中确定筛选出的数据放置的起始位置，如图 10.8 所示，单击“确定”按钮完成高级筛选。高级筛选的结果如图 10.9 所示。

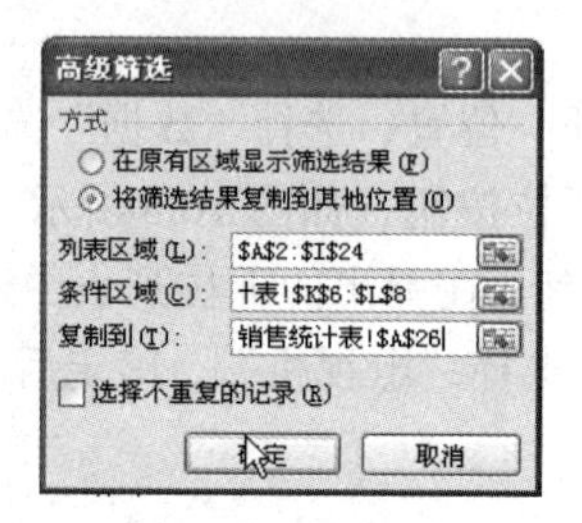

图 10.8　“高级筛选”设置

25									
26	出货单号	销售日期	商品类型	品牌	型号	单价	数量	销售金额	销售人员
27	20140503	2014年5月1日	洗衣机	小天鹅	TG60-V1022E	￥2,080.00	20	￥41,600.00	章华军
28	20140522	2014年5月9日	洗衣机	海尔	XQG60-B1226AW	￥3,980.00	16	￥63,680.00	章华军
29	20140509	2014年5月2日	空调	科龙	KF-23GW/ER	￥1,640.00	20	￥32,800.00	陈志敏
30	20140513	2014年5月3日	空调	科龙	KFR-35GW/UG-N3	￥2,550.00	20	￥51,000.00	陈志敏
31	20140510	2014年5月3日	空调	格力	KFR-26GW	￥3,210.00	18	￥57,780.00	刘志远
32	20140521	2014年5月7日	冰箱	美的	BCD-206TGM	￥1,830.00	18	￥32,940.00	杨卫玲
33	20140516	2014年5月5日	冰箱	美的	BCD-516WKM	￥4,220.00	12	￥50,640.00	杨卫玲
34	20140514	2014年5月4日	冰箱	海尔	BCD-225SECH-ES	￥2,860.00	16	￥45,760.00	姚季华
35									
36									
37									

图 10.9　“高级筛选”结果

10.6　分类汇总

【操作步骤】

①对表中数据按“商品类型”进行排序，方式均可。

②选择“数据”选项卡“分级显示”组中的“分类汇总”命令，弹出“分类汇总”对话框，在该对话框的“分类字段”中选择“商品类型”，“汇总方式”中选择“求和”，“选定汇总项”中选择“销售金额”，并选中“每组数据分页”复选项，如图 10.10 所示（把“每组数据分页”选中，可以在打印时把不同类别的数据按照不同分组打印在不同的页上）。单击“确定”按钮后完成分类汇总，如图 10.11 所示。

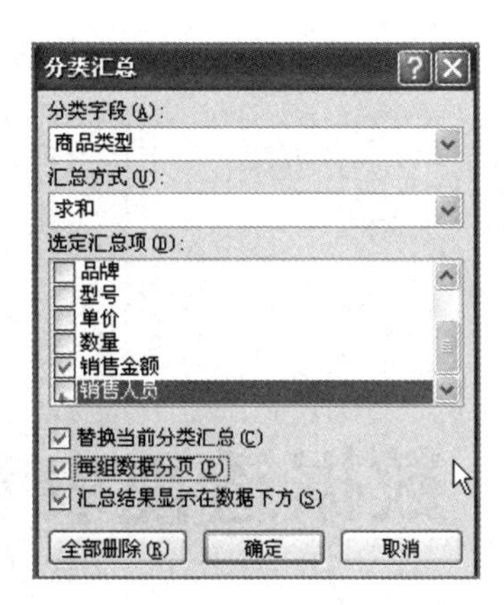

图 10.10　“分类汇总”对话框

	A	B	C	D	E	F	G	H	I
1	商品销售统计表								
2	出货单号	销售日期	商品类型	品牌	型号	单价	数量	销售金额	销售人员
3	20140503	2014年5月1日	洗衣机	小天鹅	TG60-V1022E	￥2,080.00	20	￥41,600.00	章华军
4	20140522	2014年5月9日	洗衣机	海尔	XQG60-B1226AW	￥3,980.00	16	￥63,680.00	章华军
5	20140502	2014年5月1日	洗衣机	海尔	XQG70-B10866	￥3,220.00	15	￥48,300.00	章华军
6			**洗衣机 汇总**					￥153,580.00	
7	20140509	2014年5月2日	空调	科龙	KF-23GW/ER	￥1,640.00	20	￥32,800.00	陈志敏
8	20140513	2014年5月3日	空调	科龙	KFR-35GW/UG-N3	￥2,550.00	20	￥51,000.00	陈志敏
9	20140515	2014年5月4日	空调	科龙	KF-35GW/ER	￥2,110.00	15	￥31,650.00	陈志敏
10	20140510	2014年5月3日	空调	格力	KFR-26GW	￥3,210.00	18	￥57,780.00	刘志远
11	20140505	2014年5月2日	空调	格力	KFR-35GW	￥3,710.00	12	￥44,520.00	刘志远
12	20140520	2014年5月7日	空调	格力	KFR-32GW	￥3,580.00	9	￥32,220.00	刘志远
13			**空调 汇总**					￥249,970.00	
14	20140511	2014年5月3日	电视机	康佳	LED42E320N	￥2,360.00	10	￥23,600.00	汤艳
15	20140519	2014年5月6日	电视机	康佳	LED48K11A	￥3,120.00	6	￥18,720.00	汤艳
16	20140508	2014年5月2日	电视机	海信	LED48EC280JD	￥3,260.00	15	￥48,900.00	李晓虹
17	20140501	2014年5月1日	电视机	海信	LED42EC260JD	￥2,380.00	12	￥28,560.00	李晓虹
18	20140512	2014年5月3日	电视机	海信	LED55EC280JD	￥4,210.00	10	￥42,100.00	李晓虹
19	20140517	2014年5月5日	电视机	TCL	LE48D8800	￥2,850.00	8	￥22,800.00	王宏涛
20	20140507	2014年5月2日	电视机	TCL	D42A261	￥3,360.00	5	￥16,800.00	王宏涛
21			**电视机 汇总**					￥201,480.00	
22	20140521	2014年5月7日	冰箱	美的	BCD-206TGM	￥1,830.00	18	￥32,940.00	杨卫玲
23	20140516	2014年5月5日	冰箱	美的	BCD-516WKM	￥4,220.00	12	￥50,640.00	杨卫玲
24	20140518	2014年5月5日	冰箱	美的	BCD-215TEM	￥2,320.00	12	￥27,840.00	杨卫玲
25	20140506	2014年5月2日	冰箱	美的	BCD-516WKM	￥4,150.00	8	￥33,200.00	杨卫玲
26	20140514	2014年5月4日	冰箱	海尔	BCD-225SECH-ES	￥2,860.00	16	￥45,760.00	姚季华
27	20140504	2014年5月1日	冰箱	海尔	BCD-568WDPF	￥4,260.00	9	￥38,340.00	姚季华
28			**冰箱 汇总**					￥228,720.00	
29			**总计**					￥833,750.00	
30									

图 10.11　分类汇总结果

实训 11 数据透视表和数据透视图

【实训目的】

1. 掌握创建数据透视表和数据透视图的方法。
2. 掌握格式化图标的方法。
3. 掌握页面设置的方法。

根据“商品销售统计表”中的数据制作图表。

11.1 创建各种商品不同品牌销售金额数据透视表

【操作步骤】

①打开“商品销售统计表”，选择 A2:I24 数据区域，单击“插入”选项卡“表格”组中的“数据透视表”下拉按钮中的“数据透视表”命令，如图 11.1 所示，弹出“创建数据透视表”对话框。

②在“创建数据透视表”对话框中选择“选择一个表或区域”单选按钮，在“表/区域”文本框中确定要分析数据的区域：销售统计表!$A$2:$I$24，再在“选择放置数据透视表的位置”选项区中选择“新工作表”单选按钮，使插入的数据透视表插入到新的工作表中，如图 11.2 所示。单击“确定”按钮，进入数据透视表编辑页面，如图 11.3 所示。

③将“数据透视表字段列表”任务窗格中“选择要添加到报表的字段”列表框中“销售日期”字段拖动到“报表筛选”区域内，将“商品类型”字段拖动到“行标签”区域内，将“品牌”字段拖动到“列标签”区域内，将“销售金额”字段拖动到“Σ数值”区域内，完成数据透视表的布局，如图 11.4 所示。

图 11.1　插入“数据透视表”

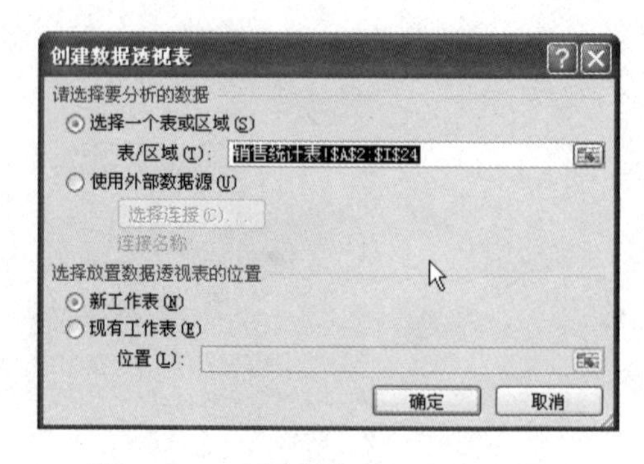

图 11.2　“创建数据透视表”对话框

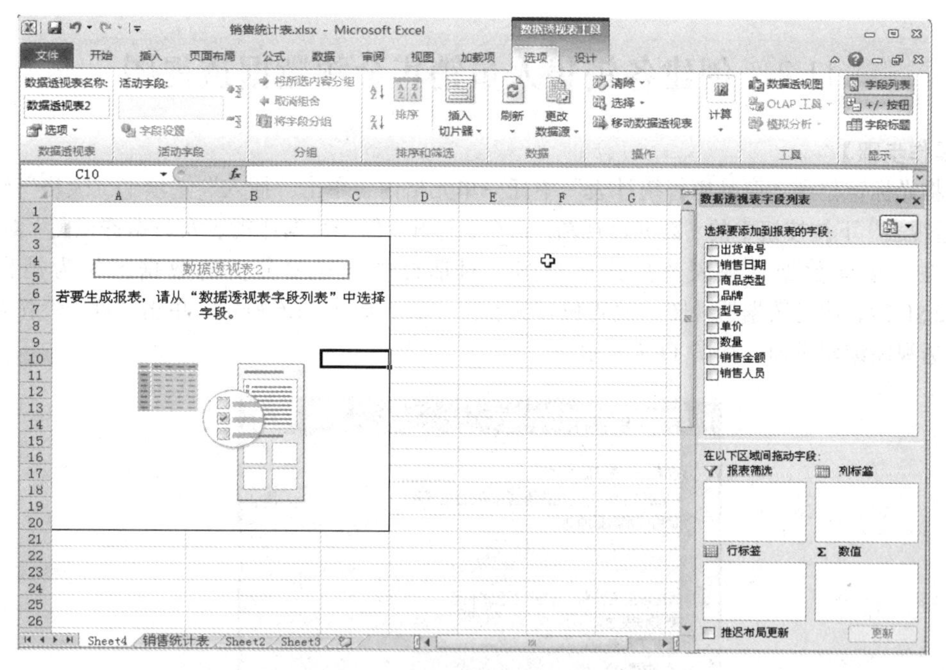

图 11.3　“数据透视表”编辑页面

④单击数据区域中的任一单元格，完成数据透视表的制作，结果如图 11.5 所示。将该透视表所在的工作表重命名为“商品销售数据透视表”。

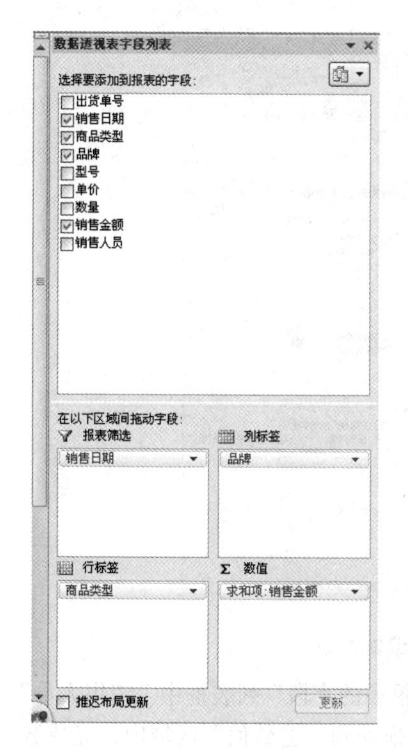

图 11.4　数据透视表布局

	A	B	C	D	E	F	G	H	I	J
1	销售日期	(全部)								
2										
3	求和项:销售金额	列标签								
4	行标签	TCL	格力	海尔	海信	康佳	科龙	美的	小天鹅	总计
5	冰箱			84100				144620		228720
6	电视机	39600			119560	42320				201480
7	空调		134520				115450			249970
8	洗衣机			111980					41600	153580
9	总计	39600	134520	196080	119560	42320	115450	144620	41600	833750
10										

图 11.5　数据透视表结果

11.2 创建各销售人员销售金额数据透视图

【操作步骤】

①将光标定位到“商品销售统计表”中任一单元格内，单击“插入”选项卡“表格”组中的“数据透视表”下拉按钮中的“数据透视图”命令，打开“创建数据透视表及数据透视图”对话框。

②在“创建数据透视表及数据透视图”对话框中选择要分析的数据区域为销售统计表!$A$2:$I$24，确定数据透视图的放置位置为新工作表，如图 11.6 所示，单击“确定”按钮，进入数据透视图编辑页面，如图 11.7 所示。

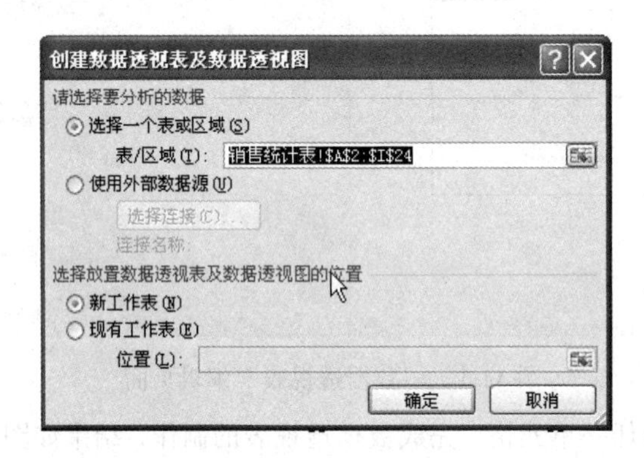

图 11.6 “创建数据透视表及数据透视图”对话框

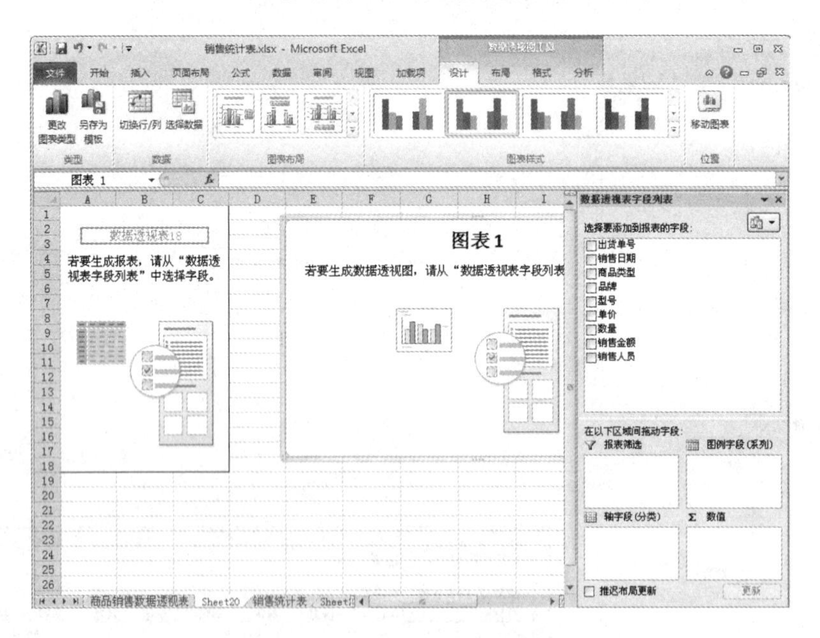

图 11.7 “数据透视表及数据透视图”编辑页面

③将“数据透视表字段列表”任务窗格中“选择要添加到报表的字段”列表框中“销售人员”字段拖动到“轴字段（分类）”区域内，将“销售金额”字段拖动到“Σ数值”区域内，完成数据透视图的布局，如图 11.8 所示。

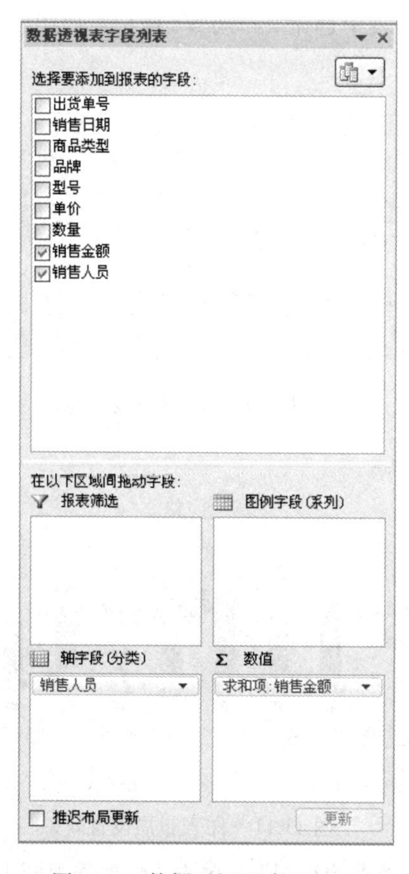

图 11.8　数据透视图布局

④单击数据区域中的任一单元格，完成数据透视图的制作，结果如图 11.9 所示。将该透视图所在的工作表重命名为“销售人员销售金额透视图”。

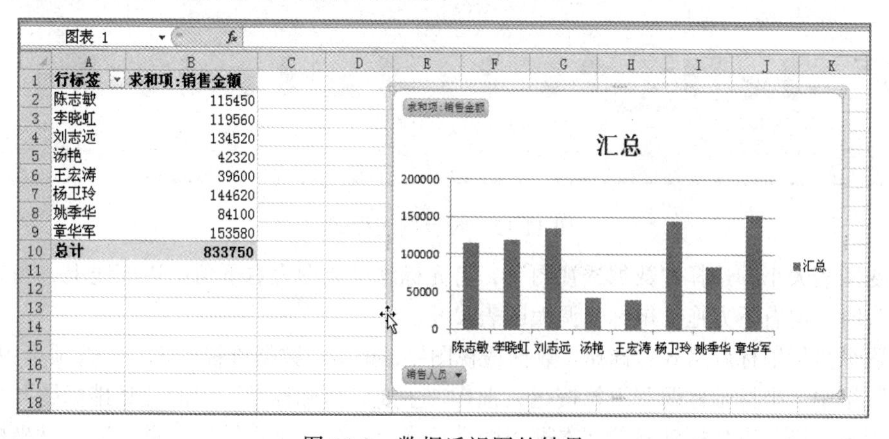

图 11.9　数据透视图的结果

11.3　设置图表的格式

【操作步骤】

①设置图表布局：选择“数据透视图”，单击“数据透视图工具”选项卡中“设计”中的“图

表布局”下拉按钮，在下拉列表中选择“布局 5”选项，如图 11.10 所示。图表布局设置效果如图 11.11 所示。

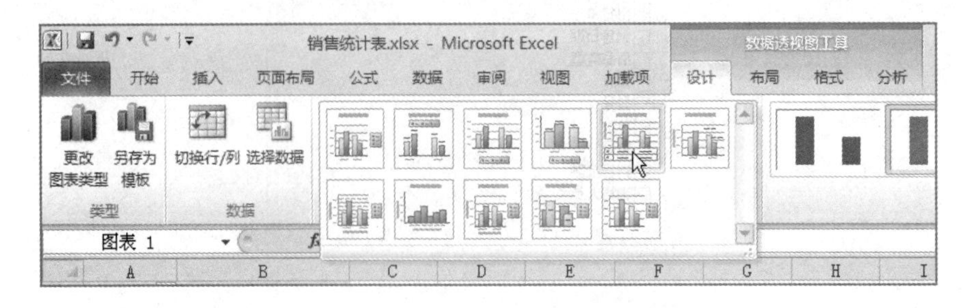

图 11.10　设置图表布局

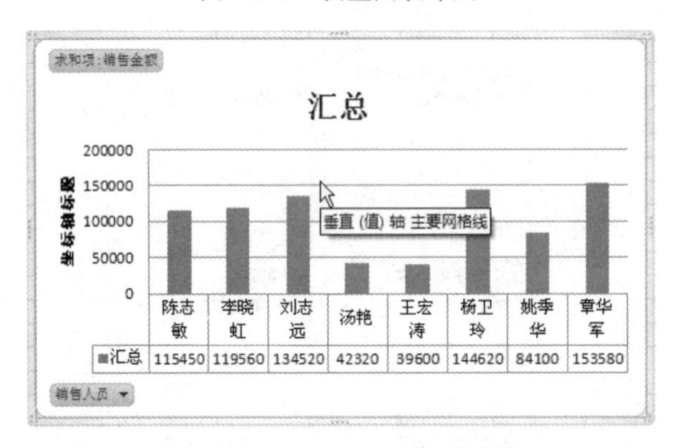

图 11.11　图表布局设置效果

②设置图表样式：选择“数据透视图”，单击“数据透视图工具”选项卡中“设计”中的“图表样式”下拉按钮，在下拉按钮中选择“样式 35”，如图 11.12 所示。

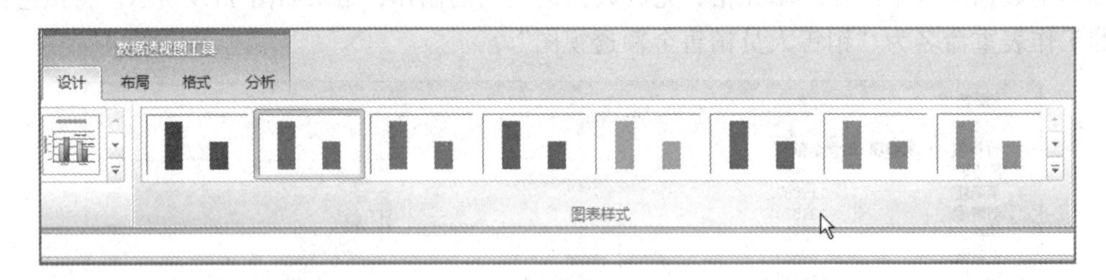

图 11.12　设置图表样式

③改变图表大小：选择“数据透视图”，将光标移动到图表右下角的边框线上，当光标形状为双向箭头时，向右下方拖动鼠标，调大图表尺寸。

④设置纵坐标轴标题格式：选择“数据透视图”，单击“数据透视图工具”选项卡中“布局”中“标签”组中“坐标轴标题”下拉按钮，选择“主要纵坐标标题”中的“竖排标题”命令，如图 11.13 所示。删除纵坐标轴标题文本框中的默认文字“坐标轴标题”，重新输入纵坐标轴标题为“销售金额”，如图 11.14 所示。

⑤设置图例位置：选择“数据透视图”，单击“数据透视图工具”选项卡中“布局”中“标签”组中“图例”下拉按钮，选择“在右侧显示图例”命令，如图 11.15 所示。

⑥图表标题格式：选择“数据透视图”的标题，单击“数据透视图工具”选项卡中“格式”组中“形状样式”下拉按钮，在下拉列表中选择“彩色填充-水绿色，强调颜色 5”样式，如图 11.16 所示。

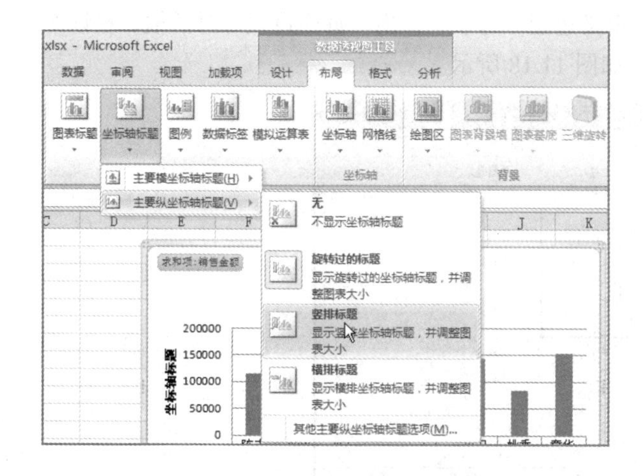

图 11.13　设置纵坐标轴的标题格式

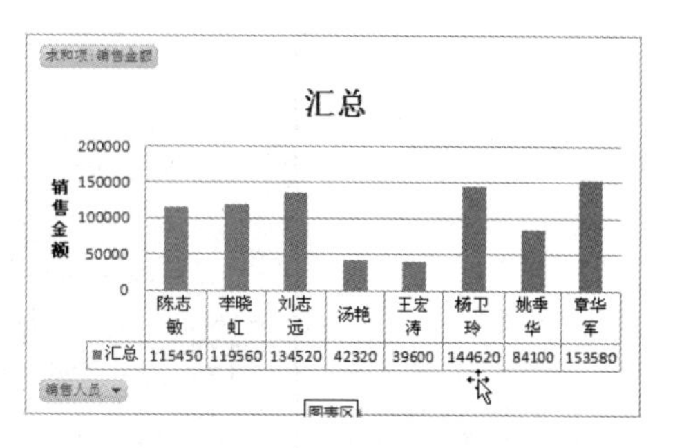

图 11.14　纵坐标轴标题的设置效果

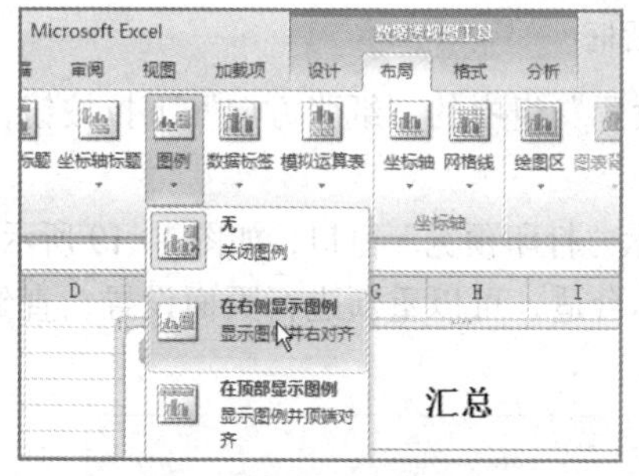

图 11.15　设置图例位置

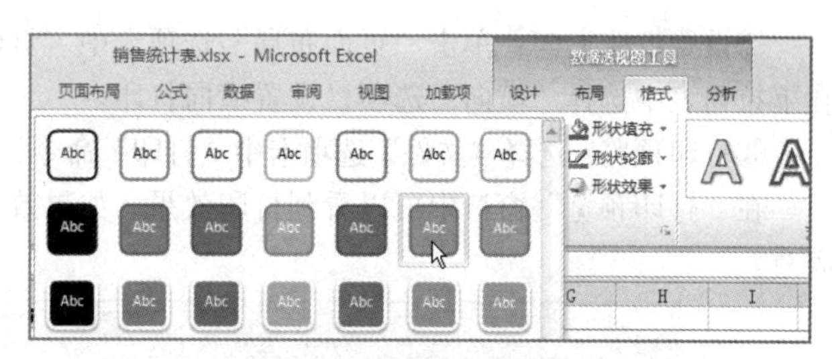

图 11.16　设置图表标题样式

删除图表标题中的“汇总”两个字，重新输入图表标题“销售人员销售业绩”。选择图表标题中的文字，单击“开始”选项卡，利用“字体”组中各选项将标题文字格式设置为“楷体”“18 号”，并将图表标题文本框移动到图表居中的位置，如图 11.17 所示。

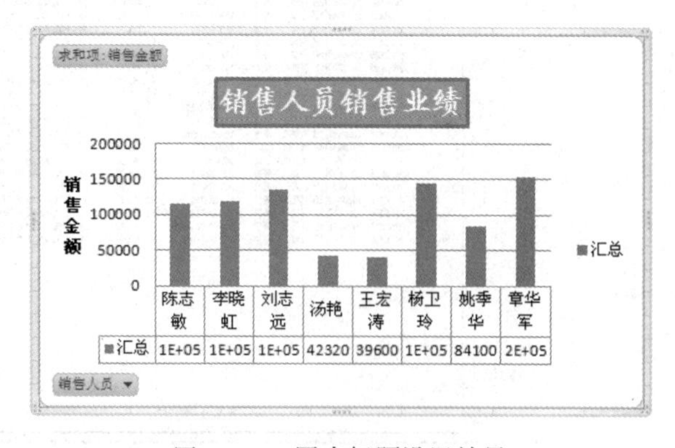

图 11.17　图表标题设置效果

11.4　页面设置与打印预览

【操作步骤】

①设置页边距：选择“销售统计表”标签，单击“页面布局”选项卡中“页面设置”组中的

“页边距”下拉按钮，在下拉列表中选择“自定义边距”选项，弹出“页面设置”对话框，在该对话框中将左右边距分别设置为“2.5 厘米”，如图 11.18 所示。

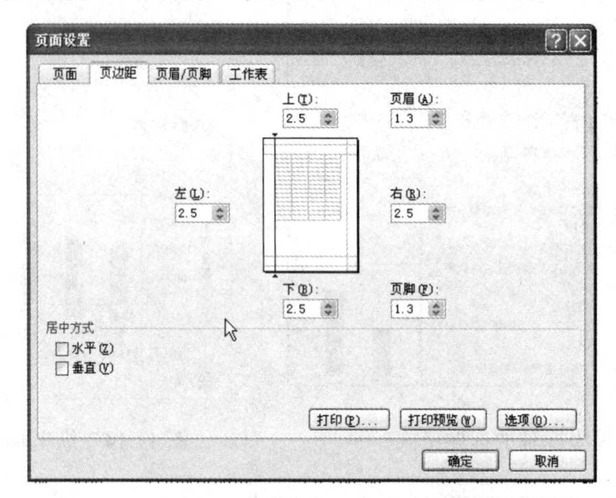

图 11.18 “页面设置”对话框

②设置纸张方向：单击“页面布局”选项卡中“页面设置”组中的“纸张方向”下拉按钮，在下拉列表中选择“横向”选项，设置横向打印。

③打印预览：选择“文件”选项卡中“打印”命令，显示“打印预览”窗口，如图 11.19 所示。

在“打印预览”窗口中可以看到打印效果。如果效果不合适，可以重新进行页面设置，直到满意。

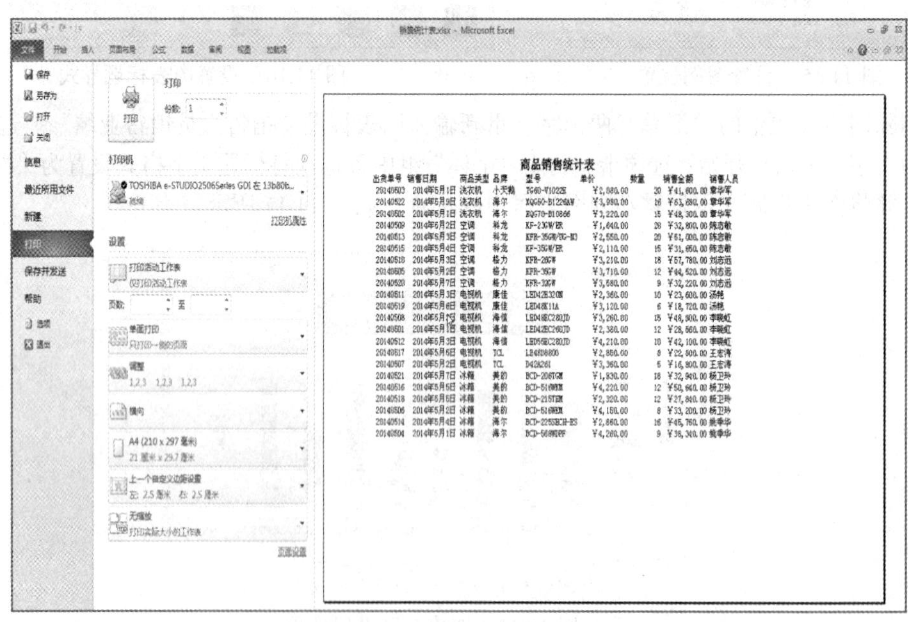

图 11.19 “打印预览”窗口

实训 12 幻灯片母版及分组设计

【实训目的】

1. 掌握 PowerPoint 2010 的基本操作。
2. 掌握 PowerPoint 2010 主题的设置。
3. 掌握 PowerPoint 2010 母版和模板的设计。
4. 掌握 PowerPoint 2010 的分组设计

制作“××学院招生广告”的母版和幻灯片分组设计，如图 12.1 所示。

图 12.1　幻灯片母版设计效果图

12.1　“招生广告”幻灯片的母版设计

【操作步骤】

①启动 PowerPoint 2010，创建一个空白文档。准备好一张要做母版的图片，如学院的主教学楼图片。单击“视图”选项卡，在“母版视图”组中，单击“幻灯片母版”按钮，进入母版编辑状态。

②在“演示文稿视图”区，有十几张母版，将鼠标指针悬停在第一张幻灯片母版上，可以看到多页的幻灯片都在使用这张母版，而第一张幻灯片的下面是更具体的母版，且分别用于不同的页码。单击“1 幻灯片母版”幻灯片，再单击“插入”选项卡，在“图像”组中，单击“图片”按钮，选中提前准备好作为正文模版的图片。

③图片插入到第一张幻灯片后，选定图片，由于需要把图片作为幻灯片的背景在母版中使用，还得有学院的“校徽”和学院名称，都要对图片进行处理，对形状和色度都需要进行处理。

a. 选定图片，单击新出现的“图片工具格式”选项卡，在“图片样式”组中单击下拉按钮，可以看到很多图片样式，从中选择“柔化边缘椭圆”。背景图片的颜色也要进行虚化处理，右击图片，在弹出的快捷菜单中选择“设置图片格式”选项，在对话框中选择“图片颜色”中的“重新着色”在下拉按钮中选择“茶色 背景颜色 2 浅色”图片效果，如图 12.2 所示。

图 12.2 设置母版图片格式

b. 右击图片，在弹出的快捷菜单中单击“置于底层|置于底层”命令，使图片不影响对母版排版的编辑。

c. 单击“插入”选项卡，在“图像”组中单击“图片”按钮，插入图片“校徽”，将图片调整好大小，放在幻灯片的左上角。同样操作再插入“学院名称”图片，放在“校徽”右边，并右击图片，在弹出的快捷菜单中选择“置于底层|置于底层”命令。

d. 将鼠标指针定位到文本区“单击此处编辑母版文本样式”的前面，在“段落”组中单击“项目符号”右侧的向下箭头，出现项目符号的样式，单击“项目符号与编号”，出现“项目符号与编号”对话框，单击“自定义”按钮，如图 12.3 所示，在出现“符号”对话框中，将“字体”列表框中的字体选择为“Wingdings2”，项目符号选择“◈”，如图 12.4 所示，单击“确定”按钮。

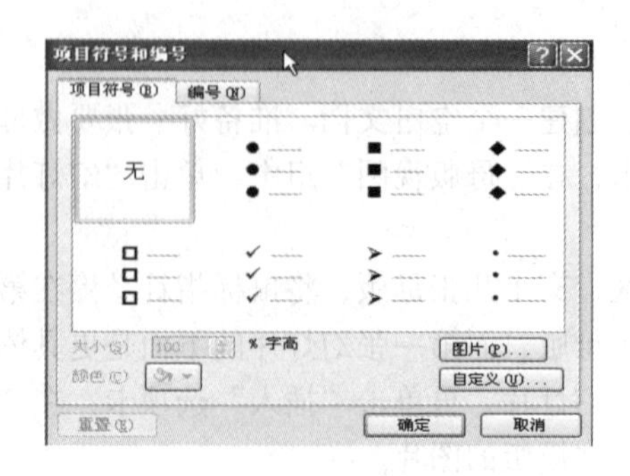

图 12.3 “项目符号和编号”设置

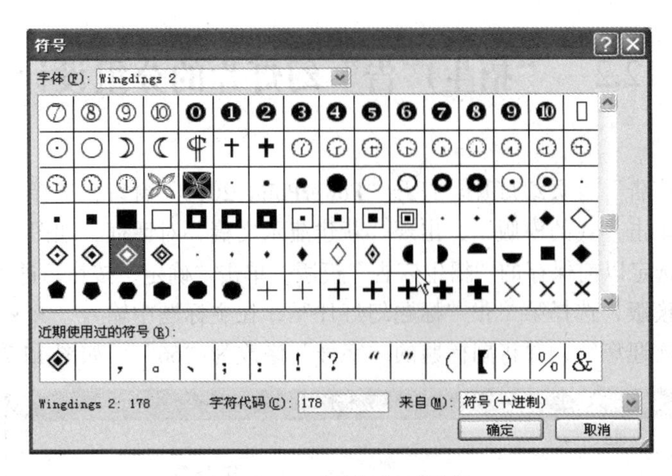

图 12.4　“符号”对话框

④选择母版上的第二张幻灯片“标题幻灯片”，为使“标题幻灯片”区别于其他幻灯片，可以重新插入另外一张学院图片，将“标题幻灯片”的“主标题”和“副标题”的字体、字号、颜色等进行编辑。将主标题字体修改“华文行楷”字号不变，将副标题字体修改为“华文隶书”字体颜色为“黑色”。

⑤单击“幻灯片母版”选项卡，在“背景”组中，单击“隐藏背景图片”复选框，刚才插入的图片就消失了。再单击“插入”选项卡，在“图像”组中单击“图片”按钮，插入准备好的第二张学院图片，把第二张图片如第一张学院图片进行相同的图片设置，置于底层，如图 12.5 所示。

⑥单击“幻灯片母版”选项卡，在“关闭”组中单击“关闭母版视图”按钮，退出母版视图。再选择“文件”→“保存”命令，打开“另存为”对话框，在“保持类型”中选择“演示文稿模版”，文件名为“招生广告.pptx”，此时程序将保存在开打的默认的文件保存位置，不要更改保存位置，以便供以后作为模版使用。

⑦选择“文件”→“关闭”命令，退出 PowerPoint。

我们现在把“招生广告”演示文稿的母版设计好了，模版也进行了修改，下面就可以进行进一步的设计了。

图 12.5　标题幻灯片

12.2 “招生广告”幻灯片的分组设计

【操作步骤】

①创建“招生广告”首页幻灯片。打开“PowerPoint 2010”窗口，选择“文件”→“新建”命令，在主页区中单击“我的模版”，出现“新建演示文稿”对话框，如图 12.6 所示。

在对话框中，选定以前保存的“招生广告”模版，单击“确定”按钮，进入幻灯片设计界面，出现“招生广告”模版，选择第二张“标题幻灯片”，在主标题中输入“××职业技术学院”，在副标题中输入“欢迎您”，并将副标题的“字号”修改为“66”。如图 12.7 所示。

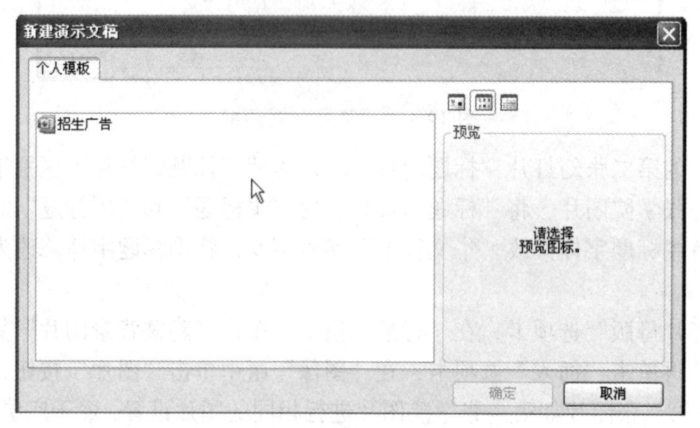

图 12.6 “新建演示文稿”对话框

图 12.7 标题幻灯片

②为“招生广告”创建“目录”幻灯片。单击“开始”选项卡，在“幻灯片”组中，单击“新建幻灯片”右侧的下拉箭头，出现了模版中各幻灯片的版式。选择“仅标题”版式幻灯片，在标题中输入“目录”，将字体设置为“宋体”，“字号”设置为“44”。

单击“绘图工具格式”选项卡，在“艺术字样式”组中，单击下拉按钮，在出现的标题艺术字样式中，选择“填充-红色，强调文字颜色 2 粗糙棱台”样式。

单击“插入”选项卡，在“插图”组中，单击“SmartArt”按钮，在“选择 SmartArt 图形”对话框中，选择“垂直曲形列表”，在幻灯片里出现 SmartArt 图形文本框，由于文本框里只有 3 个曲形图形，在“招生广告”和“目录”幻灯片中我们准备有 6 个方面的内容，就需要增加 3 个曲形图形，右击其中一个图形，在弹出的快捷菜单中，选择“添加图形”→“在后面添加图形”命令，就会增加一个图形，共 6 个图形。分别输入“学院简介、结构设置、专业设置、校园风光、就业情况、结束语”。

为每个小圆圈设置三维格式和填充颜色，使得小圆圈更具有立体感。右击第一个圆圈，在弹出的快捷菜单中选择“设置形状格式”命令，在弹出的对话框中分别设置“三维格式”中“棱台 |→“顶端”为“圆”效果，“表面效果”下“材料”中“特殊效果”为“硬边缘”，“填充”效果设置“填充颜色”为“红”。再分别为剩下的小圆圈设置类似的效果，填充颜色尽量不同。

为图形中的“学院简介”等 6 个部分字形和间距进行修饰，选择字体内容，单击“SmartArt 工具”选项卡中的“格式”按钮，在“艺术字样式”组中下拉按钮选择“填充-橙色，强点文字颜色 6，暖色粗糙棱台 ”效果，再选择“开始”选项卡，在“字体”组中调整字符间距为“10 磅”。最后“目录”幻灯片效果如图 12.8 所示。

③为“招生广告”创建“学院简介”幻灯片。单击“开始”选项卡，在“幻灯片”组中，单击“新建幻灯片”按钮，选择“仅标题”版式幻灯片。在标题中输入“学院简介”，字体为“宋体”，字号为“44”。

选择标题文本框，单击“绘图工具格式”选项卡，在“艺术字样式”组中的下拉菜单中，选择“填充-蓝色，强调颜色 1，塑料棱台，映像”样式，在“形状样式”组下拉菜单中选择形状样式为“强烈效果-橄榄色，强调颜色 3”选项。

单击“插入”选项卡，在“文本”组中，单击“文本框”按钮，在幻灯片中插入一个横排文本框，在文本框中输入学院简介的文字内容。

选中文本框中的文字进行进一步的文字格式设置，单击“开始”选项卡，在“字体”组中分别设置“字体”为“华文楷体”，“字号”为“24”，文字颜色为“黑色”。“学院简介”幻灯片的最终效果如图 12.9 所示。

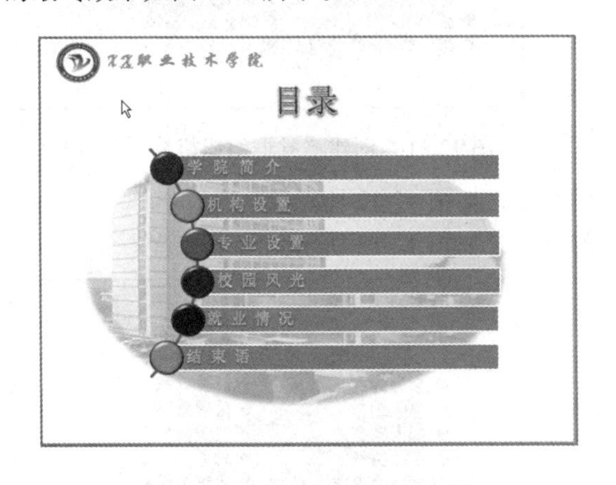

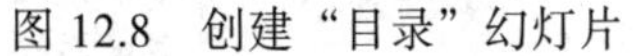
图 12.8　创建“目录”幻灯片

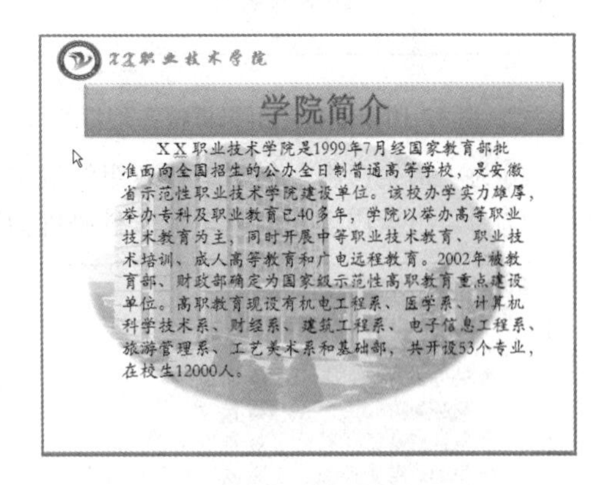

图 12.9　创建“学院简介”幻灯片

④为“招生广告”创建“组织机构”幻灯片。单击“开始”选项卡，在“幻灯片”组中，单击“新建幻灯片”按钮，选择“空白”版式幻灯片。单击“插入”选项卡，在“插图”组中，单击“形状”按钮，在“基本形状”中选择“椭圆”，按住【Shift】键，在幻灯片中心位置绘制出一个圆。

右击圆，在弹出的快捷菜单中选择“大小与位置”选项，将圆的“高度”和“宽度”设置为“7.6 厘米”，在圆中输入文字“组织机构”，并设置“字体”为“方正姚体”，“字号”为“48”。

单击“绘图工具格式”选项卡中的“形状样式”组中的下拉按钮，在下拉菜单中选择“强烈效果-橙色，强调颜色 6”效果样式，在“形状效果”命令中对圆的效果进行进一步的设定，选择“棱台”为“角度”，“发光”为“紫色，18pt 发光，强调颜色 4”效果，“阴影”为“内部阴影”效果。

在大圆的外边缘 4 个对称位置分别画出 4 个小圆，并设置不同的形状效果，小圆的“高度”和“宽度”为“3 厘米”，每个小圆设置不同的形状样式和形状效果，而且每个小圆都要和大圆紧密接触。

在 4 个小圆中，分别输入“党群组织机构”“行政组织机构”“教学科研机构”和“科技产业”，并设置“字体”为“华文楷体”，“字号”为“28 磅”，如图 12.10 所示。

⑤为“招生广告”创建“党群组织机构”幻灯片。单击“开始”选项卡，在“幻灯片”组中，单击“新建幻灯片”按钮，选择“两栏内容”版式幻灯片，在标题中输入“党群组织机构”，单击“绘图工具格式”选项卡，在“艺术字样式”组中选择“文本效果”→“发光”命令，在效果选项中选择“紫色，18Pt 发光，强调文字颜色 4”样式。

分别对两栏文本框内容进行效果设置，单击“绘图工具格式”选项卡，在“艺术字样式”组中选择“文本效果”→“发光”命令，在效果选项中选择“红色，18Pt 发光，强调文字颜色 2”样式。最终效果如图 12.11 所示。

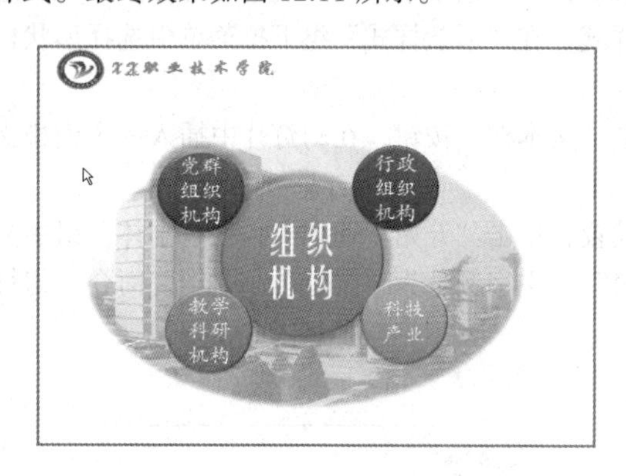

图 12.10　创建“组织机构”幻灯片

图 12.11　创建“党群组织机构”幻灯片

⑥为“招生广告”创建“行政组织机构”幻灯片，如图 12.12 所示。

⑦为“招生广告”创建“教学科研机构”幻灯片，如图 12.13 所示。

图 12.12　创建“行政组织机构”幻灯片

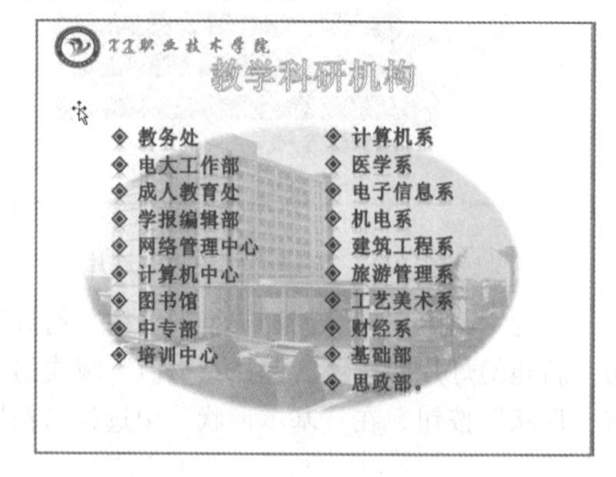

图 12.13　创建“教学科研机构”幻灯片

⑧为“招生广告”创建“科技产业”幻灯片，如图 12.14 所示。

⑨为“招生广告”创建“专业设置”幻灯片，如图 12.15 所示。

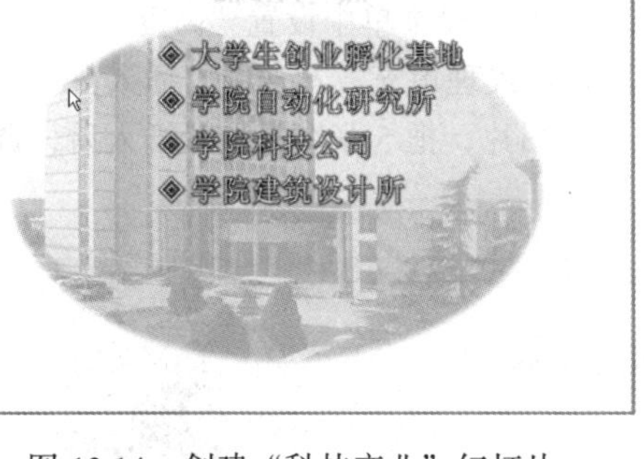

图 12.14　创建“科技产业”幻灯片　　　图 12.15　创建“专业设置”幻灯片

⑩为“招生广告”创建“校园风光”幻灯片。单击“开始”选项卡，在“幻灯片”组中，单击“新建幻灯片”按钮，选择“仅标题”版式幻灯片，在标题中输入“校园风光”，单击“绘图工具格式”选项卡，在“艺术字样式”组中选择“渐变填充–橙色，强调文字颜色 6，内部阴影”样式。

单击“插入”选项卡，在“插图”组中，单击“形状”按钮，在形状样式中选择“矩形”，在标题下方绘制一条与幻灯片一样宽的矩形框，右击矩形框，在“大小与位置”里设置“高度”为“0.6 厘米”，“宽度”为“25.4 厘米”。填充颜色为“黑色”，轮廓线为“黑色”。

在黑色的矩形框中，在最左边添加一个形状，画一个小矩形，右击该小矩形框，在“大小与位置”里设置“高度”为“0.35 厘米”，“宽度”为“1 厘米”。填充颜色为“白色”，轮廓线为“白色”。然后选中小矩形框，按住【Ctrl】键拖动小矩形框进行复制，在复制时要注意小矩形框位置要相对于黑色条形框的位置。排列好，效果如图 12.16 所示。

图 12.16 电影胶片孔

按住【Ctrl】键，用鼠标选中大的矩形框和各个小的矩形框，再右击，在快捷菜单中，选择“组合”→“组合”命令，组合成一个图形，在拖动时就不会乱了。

选中组合后的矩形框，复制出另外一个胶片孔图。将两个胶片孔上下分开对齐，再分别单击“插入”选项卡“图像”组中“图片”按钮，插入多张事先准备好的校园风光图片，分别对每张插入的图片大小进行设置，右击插入的图片，在快捷菜单的“大小与位置”中设置图片“高度”为“3.5 厘米”，将图片“锁定纵横比”，把所有图片排列在两个胶片孔中间，按住【Ctrl】键，用鼠标选中各个图片和上下胶片孔，再右击，在快捷菜单中选择“组合”→“组合”命令，组合成一个图形。

由于后面还要对胶片进行动画设计，让胶片从左到右滚动播放，所以要把排列图片的长度做成大约两个幻灯片的长度。刚才只是按照正常一个幻灯片长度作了一个胶片，再把刚才组合好的胶片复制一个，左右排列好再组合一起，正好是两个幻灯片的长度，照片重复也可以。如图 12.17 所示。

图 12.17　电影胶片

把电影胶片放到幻灯片的底部，下面准备在幻灯片中间部分的左右各放置 2 张图片，形状有所不同，首先，单击“插入”选项卡，在“插图”组中，单击“形状”按钮，在“基本形状”里选择“心形”形状，在左边画一个心形图形，右击图形，在快捷菜单中设置“高度”为“4.2 厘米”。“宽度”为“5.1 厘米”，设置“填充”为“图片或纹理填充”，选择“插入自”→“文件”，插入校园风景图片。在幻灯片的右下角再插入一张图片，把 5 张图片形状插入后，调整大小和在幻灯片中的位置。最终效果如图 12.18 所示。

图 12.18 “校园风景”幻灯片

⑪为“招生广告”创建“就业情况”幻灯片。单击“开始”选项卡，在“幻灯片”组中，单击“新建幻灯片”按钮，选择“仅标题”版式幻灯片，在标题中输入“就业情况”，“字体”为“华文隶书”，“字号”为“48”，单击“绘图工具格式”选项卡，在“艺术字样式”组中选择“渐变填充-蓝色，强调文字颜色 1，轮廓-白色，发光，强调文字颜色 2”样式。在“形状样式”组中，选择“中等效果-红色，强调颜色 2”样式。

单击“插入”选项卡，在“插图”组中。单击“图表”按钮，打开 Excel 电子表格。图形类型选择三维饼图，并按照下面的数据修改电子表格中的数据，如图 12.19 和图 12.20 所示。

图 12.19 “三维饼图”

	A	B	C
1	年度	销售额	
2	2009年	95.40%	
3	2010年	96.80%	
4	2011年	93.70%	
5	2012年	92.60%	
6	2013年	95.70%	
7			
8			

图 12.20 图表中的数据

在数据修改好以后，关闭 Excel 表格，删除饼图中“销售额”标题，右击饼图中的每一个不同颜色的区域，在快捷菜单中，选择“添加数据标签”命令，就会在饼图中出现各年份就业率的百分数据，如图 12.21 所示。

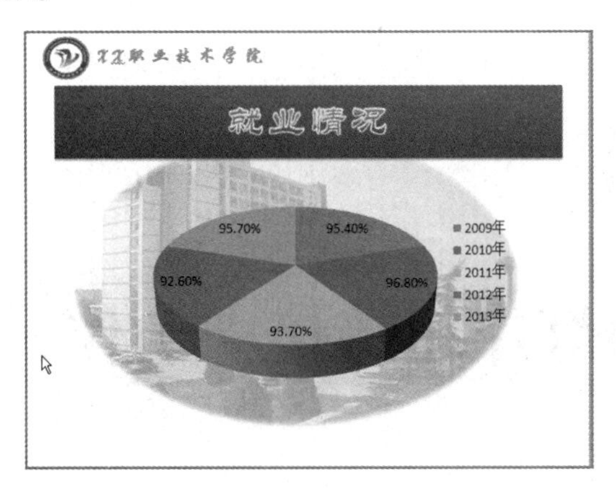

图 12.21　创建“就业情况”幻灯片

⑫为“招生广告”创建“结束语”幻灯片。单击“开始”选项卡，在“幻灯片”组中，单击“新建幻灯片”按钮，选择“仅标题”版式幻灯片，在标题中输入“谢谢观看，欢迎您的到来”，单击“绘图工具格式”选项卡，在“艺术字样式”组中，选择“填充-红色，强调文字颜色 2，粗糙棱台”样式。

在“艺术字样式”组中，选择“文本效果”→“转换”命令。在效果图中，选择“圆形”，将艺术字变成圆，设置“高度”和“宽度”为“15 厘米”。同时调整文本框的大小，设置文本框的“高度”为“5 厘米”和“宽度”为“7 厘米”，将文本框放在幻灯片的中间。

单击“插入”选项卡，在“图像”组中，单击“图片”按钮，插入准备好的校徽图片。调整图片的大小，把图片放在刚才创建的文本框中间合适的位置，选中校徽，在“图片工具格式”组中，选择“图片样式”组中的“金属椭圆”样式。同时在幻灯片下方插入一个文本框，输入“学院网址 www.hbvtc.net”，并设置形状样式为“中等效果-橄榄色，强调颜色 3”样式，艺术字样式为“填充-无，轮廓-强调文字颜色 2”，效果如图 12.22 所示。

图 12.22　创建“结束语”幻灯片

实训 13

幻灯片超链接、动作、切换设置

【实训目的】

1. 掌握 PowerPoint 2010 的超链接设置。
2. 掌握 PowerPoint 2010 的动作设置。
3. 掌握 PowerPoint 2010 的切换设置。

在“××学院招生广告”幻灯片的基础上，分别进行超链接设置、动作设置和幻灯片的切换操作。

13.1 为“招生广告”幻灯片进行超链接设置

1. 为“目录”幻灯片进行超链接设置

在播放之前我们制作的“招生广告”演示文稿时，第二张幻灯片为“目录”幻灯片，当单击某一个目录时就可以打开与之对应的幻灯片，这时就需要采用超链接的方法。

【操作步骤】

①打开“招生广告”演示文稿，选择第 2 张幻灯片，选定“学院简介”文本框，右击，在快捷菜单中，选择“超链接”命令，出现“插入超链接”对话框（或单击“插入”选项卡中“链接”组中的“超链接”命令按钮），如图 13.1 所示。

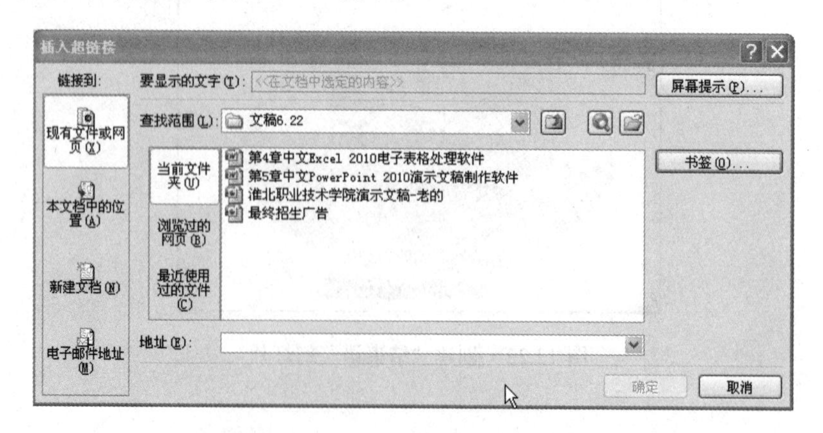

图 13.1 “插入超链接”对话框

在“插入超链接”对话框中，单击“书签”，出现“在文档中位置选择”对话框，如图 13.2 所示，在对话框中有已经制作的 13 张幻灯片的标题目录，选择“3.学院简介”，链接到第 3 张幻灯片，单击“确定”按钮即可。也可以单击图 13.1 中“本文档中的位置”按钮，在右边的窗口中会出现图 13.2 中所示的 13 张幻灯片的标题目录，进行同样的选择即可。

②用同样的方法分别将第 2 张“目录”幻灯片中的“组织机构”文本框超链接第 4 张幻灯片；将“专业设置”文本框链接到第 9 张幻灯片；将“校园风光”文本框链接到第 11 张“校园风光”幻灯片；将“就业情况”文本框链接到第 12 张“就业情况”幻灯片；将“结束语”文本框链接到最后一张幻灯片。

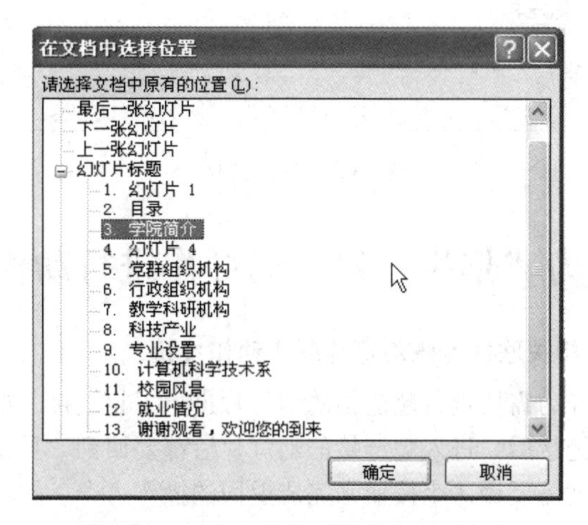

图 13.2　“在文档中选择位置”对话框

2. 为“组织机构”幻灯片进行超链接设置

打开第 4 张幻灯片“组织机构”，先选中“党群组织机构”小圆，注意一定要选中小圆所在的图形的整体而不能选中里面的内容，我们是为小圆的整体进行超链接设置，否则就是为小圆里面的文字进行超链接设置了。右击小圆整体图形，在弹出的快捷菜单中选择“超链接”命令，出现图 13.1 所示的对话框，单击“书签”按钮，在出现的图 13.2 所示的对话框中，选择超链接“5. 党群组织机构”。

用同样的方法分别给第 4 张幻灯片中的“行政组织机构”小圆设置超链接到第 6 张幻灯片；为“教学科研机构”小圆超链接到第 7 张幻灯片；为“科技产业”小圆超链接到第 8 张幻灯片。

3. 为“专业设置”幻灯片进行超链接设置

第 9 张幻灯片为“专业设置”，幻灯片中有 8 个系部，每个系部都分别有不同的专业，总共有 57 个专业，在前面“招生广告”演示文稿设计时，我们只在第 10 张幻灯片中把“计算机科学技术系”的 6 个专业进行输入，其他系部没有进行分别的幻灯片内容的输入，所以在对“专业设置”幻灯片进行超链接时，只能对“计算机科学技术系”进行超链接设置。方法如同上面介绍的一样，把“专业设置”幻灯片中的“计算机科学技术系”超链接到第 10 张幻灯片即可。

4. 为“结束语”幻灯片进行超链接设置

在最后一张幻灯片中有“学院网址 www.hbvtc.net”文本框，我们同样需要进行超链接设置，选中文本框整体，右击文本框，在快捷菜单中选择“超链接”命令，弹出“插入超链接”对话框，在对话框中的地址栏中输入“http://www.hbvtc.net”，单击“确定”按钮进行网站的链接。如图 13.3 所示。

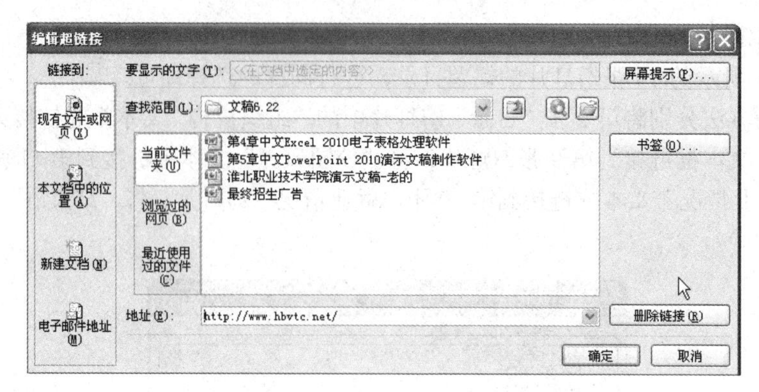

图 13.3 网站链接

13.2 为“招生广告”幻灯片进行动作设置

1. 为“目录”幻灯片相关联的六张幻灯片制作动作按钮

由于上一节中我们已经为需要进行超链接的幻灯片进行了超链接，如“目录”幻灯片，那么在播放时执行任何一个超链接后，进入超链接的幻灯片后都要回到“目录”幻灯片，才能保证幻灯片播放的完整性，这时就需要做一个按钮来完成返回的操作。

【操作步骤】

①选定第 3 张幻灯片“学院简介”，单击“插入”选项卡，在“插图”组中，单击“形状”按钮，在“动作按钮”中选择“上一张”，在第 3 张幻灯片的右下角画出一个动作按钮，大小适合，如图 13.4 所示，这时弹出“动作设置”对话。

②在“动作设置”对话框中，选择到“超链接到”单选框，在下拉列表框中选择“幻灯片”，如图 13.5 所示。打开“超链接到幻灯片”对话框。在对话框中选择“2.目录”，单击“确定”按钮，出现第 2 张幻灯片，如图 13.6 所示。可以为这个动作按钮进行形状和艺术字样式的设置。

③右键单击此动作按钮，在快捷菜单中单击“复制”命令。

④打开第 4 张幻灯片“组织结构”，在幻灯片的右下角，单击鼠标右键，在快捷菜单中，选择“粘贴”命令。将该动作按钮复制到第四张幻灯片中，其“动作设置”也一并被复制过来，在播放时单击此复制的动作按钮也同样回到“目录”幻灯片。

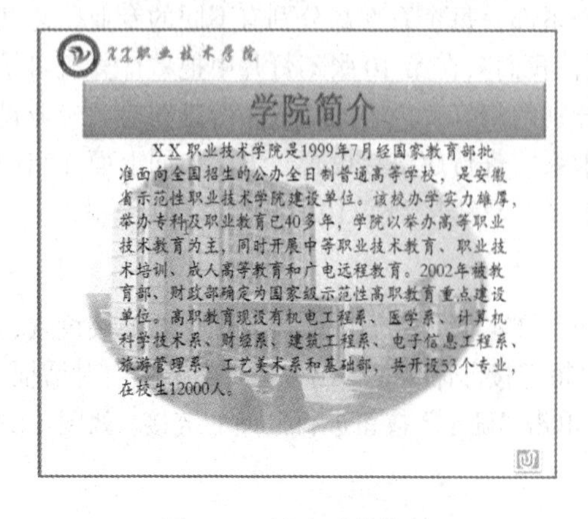

图 13.4 插入动作按钮

图 13.5 “动作设置”对话框

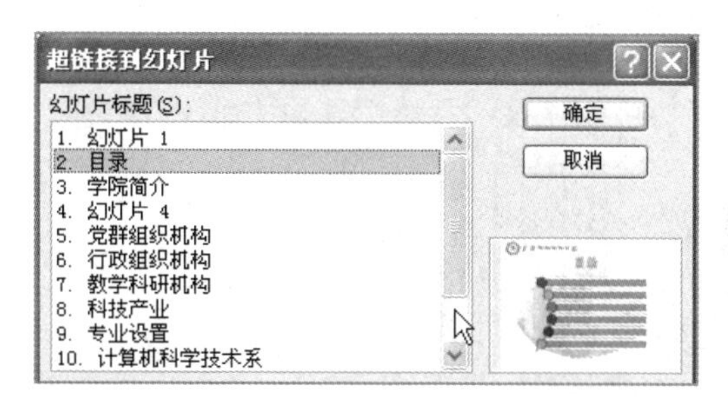

图 13.6　“超链接到幻灯片”对话框

⑤使用同样的方法，把第 3 张幻灯片中制作的动作按钮粘贴到“目录”幻灯片中其他相应的幻灯片中，如在第 9 张“专业设置”幻灯片、第 11 张“校园风光”幻灯片、第 12 张“就业情况”幻灯片、第 13 张“结束语”幻灯片，分别粘贴同样的动作按钮，因为在播放时都需要回到“目录”幻灯片。

⑥第 9 张幻灯片“专业设置”中，八个系部，我们只是作了“计算机科学技术系”的关联幻灯片，在第 10 张幻灯片中介绍了“计算机科学技术系”的 6 个专业，所以在播放时就要把第 10 张幻灯片中粘贴同样的动作按钮，粘贴后右键单击该按钮，在快捷菜单中选择“编辑超链接”命令，打开“动作设置”对话框，在“超链接到”单选框中选择“幻灯片”，打开“超链接到幻灯片”对话框，选择“9.专业设置”，按“确定”即可完成动作按钮的编辑。

2. 为“组织机构”中相关联的四张幻灯片制作动作按钮

【操作步骤】

①打开第 5 张“党群组织机构”幻灯片，单击“插入”选项卡，在“插图”组中，单击“形状”按钮，在“动作按钮”中选择“上一张”，在第 5 张幻灯片的右下角画出一个动作按钮，大小适合，这时弹出“动作设置”对话。

②在“动作设置”对话框中，选择到“超链接到”单选框，在下拉列表框中选择“幻灯片”，打开“超链接到幻灯片”对话框。在对话框中选择“4.幻灯片 4”，单击“确定”按钮，出现第 4 张幻灯片。可以为这个动作按钮进行形状和艺术字样式的设置。

③右键单击此动作按钮，在快捷菜单中单击“复制”命令。

④分别打开第 6 张、第 7 张、第 8 张幻灯片，在幻灯片右下角的位置分别粘贴，把此动作按钮粘贴到相应的位置，在幻灯片放映过程中，单击此按钮都会回到第 4 张幻灯片。

13.3　为“招生广告”幻灯片进行切换设置

幻灯片切换效果是从一张幻灯片到下一张幻灯片时设置的类似动画的效果，用户可以控制每张幻灯片的切换效果的速度、还可以添加声音。

打开“招生广告”演示文稿，在第 1 张幻灯片中，单击“切换”选项卡，在“切换到此幻灯片”组中，单击下拉按钮，选择“华丽型”中“门”效果选项，在“计时”选项卡中，设置声音为“疾驰”，“持续时间”为“01.50”，选择“全部应用”命令即可使所有幻灯片的切换效果一样，当然也可以单独设置每一张幻灯片的切换效果。

实训 14 幻灯片的动画设置

【实训目的】

1. 掌握 PowerPoint 2010 的动画设置。
2. 掌握 PowerPoint 2010 的动画运动轨迹的设置。

在“××学院招生广告”幻灯片的基础上，进行动画设置操作。

14.1 为“首页”“目录”“学院简介”设置动画

1. “首页”幻灯片的动画设置

【操作步骤】

①打开“招生广告”演示文稿，选择第 1 张幻灯片，在幻灯片中，选定主标题“××职业技术学院”，注意要选择文本框中的全部文字，单击“动画”选项卡，“动画”组中，单击下拉按钮，在出现的选项中，选择“翻转式由远而近”效果，如图 14.1 所示。

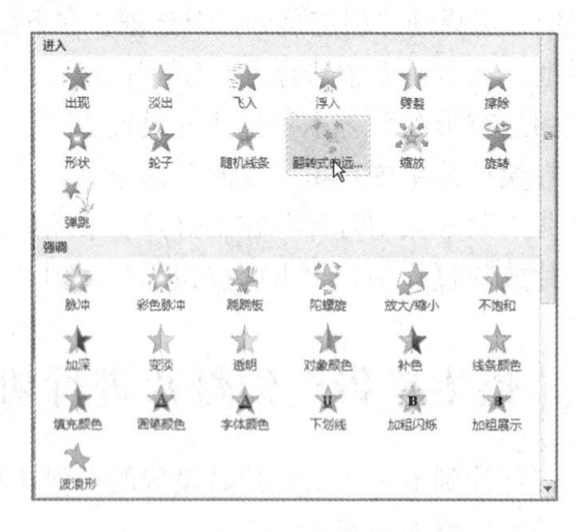

图 14.1 “动画效果”设置

②单击“动画”选项卡，“高级动画”组中，单击“动画窗格”按钮，在屏幕的右侧出现“动画窗格”，刚才对主标题设置的动画效果，会在主标题文本框的左上角出现“1”，表明我们已经对此文本框设置了一个动画，在“动画窗格”中会出现一个动画效果框，如图 14.2 所示，单击右侧的下拉按钮，选择“效果选项”命令，打开“翻转式由远而近”对话框。

③在对话框中，单击“计时”选项卡，在“开始”栏中选择“与上一动画同时”选项，在“期间”栏中选择“中速（2 秒）”选项，单击“确定”按钮，如图 14.3 所示，就对主标题进行了动

画设置。

④选定副标题“欢迎您”，单击“动画”选项卡，在“动画”组中，单击下拉按钮，在“强调”中选择“补色”选项，在“动画窗格”中，单击“欢迎您”右侧的下拉按钮，选择“效果选项”命令，打开“补色”对话框。在对话框中单击“计时”选项卡，在“开始”栏中选择“上一动画之后”选项。在“期间”栏中选择“中速（2 秒）”选项。

⑤单击“插入”选项卡，在“媒体”组中，单击“音频”按钮下的下拉按钮，在出现的菜单中，选择“文件中的音频”命令，打开“插入音频”对话框。在对话框中，选取我们事先准备好的音频文件“卷珠帘”，单击“插入”按钮。

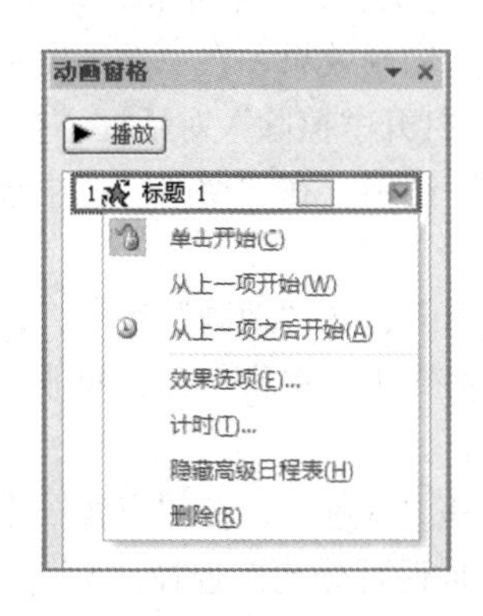

图 14.2　“动画窗格”

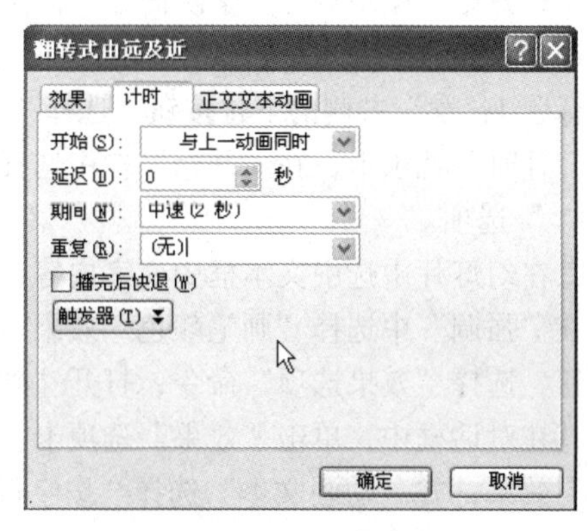

图 14.3　效果选项

⑥在幻灯片中出现一个喇叭图案。选中插入的喇叭，选择“音频工具”→“播放”选项卡，在“音频选项”组中，选中“放映时隐藏”复选框，在“开始”选项中选择“自动”，选中“循环播放，直到停止”“播放返回开头”两个复选按钮，如图 14.4 所示。

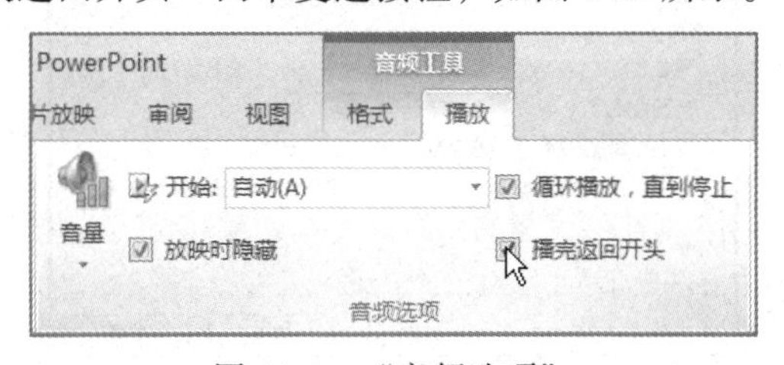

图 14.4　“音频选项”

⑦在幻灯片右侧的“动画窗格”中，单击“卷珠帘”右侧的下拉箭头，从中单击“效果选项”命令，打开“播放音频”对话框。在对话框中，单击“效果”选项卡，在“开始播放”中选择“从头开始”单选框，在“停止播放”中，选择在“13 张幻灯片后”。在对话框中，单击“计时”选项，在“开始”栏中选择“上一动画同时”选项。

这样我们对“首页”幻灯片进行了简单的动画设置，放映一下，看看效果如何，如果对其中的部分动画效果不满意，可以重新进行设置，直到满意为止。

2. “目录”幻灯片的动画设置

【操作步骤】

①打开第 2 张幻灯片“目录”，选择“目录”文本框，单击“动画”选项卡，在“动画”组中，单击下拉按钮，在“进入”中选择“轮子”动画效果。在“动画窗格”中，单击“1 标题 2：目录”右侧的下拉按钮，选择“效果选项”命令，打开“轮子”对话框，在“效果”选项卡中，选择“辐射状”为“8 轮辐图案”，在“计时”选项卡中，在“开始”栏中选择“与上一动画同

时”选项，在“期间”栏中选择“非常慢（5 秒）”。

②在幻灯片中，选中“SmartArt 图形”，单击“动画”选项卡，在“动画”组中，单击下拉按钮，在“进入”中选择“缩放”动画效果。在“动画窗格”中，单击“组合”右侧的下拉按钮，选择“效果选项”命令，打开“缩放”对话框，单击“计时”选项卡，在“开始”栏中选择“上一动画之后”选项，在“期间”栏中选择“中速（2 秒）”选项。

3. “学院简介”幻灯片的动画设置

【操作步骤】

①打开第 3 张幻灯片“学院简介”，在幻灯片中，选中“学院简介”，单击“动画”选项卡，在“动画”组中，单击下拉按钮，在“进入”中选择“擦除”动画效果。在“动画窗格”中，单击“标题 1：学”右侧的下拉按钮，选择“效果选项”命令。打开“擦除”对话框。在对话框中，单击“计时”选项卡，在“开始”栏中选择“上一动画之后”选项，在“期间”栏中选择“中速（2 秒）”选项。

②在幻灯片中选中文本框中文字内容，单击“动画”选项卡，在“动画”组中，单击下拉按钮，在“强调”中选择“画笔颜色”效果选项，在“动画窗格”中，单击“× ×职业”右侧的下拉按钮，选择“效果选项”命令，打开“画笔颜色”对话框。

③在对话框中，单击“效果”选项卡，在“颜色”中选择“蓝色”，在“声音”中选择“打字机”效果，在“动画文本”选择“按字母”，“字母之间延迟百分比”选择“5”，如图 14.5 所示。

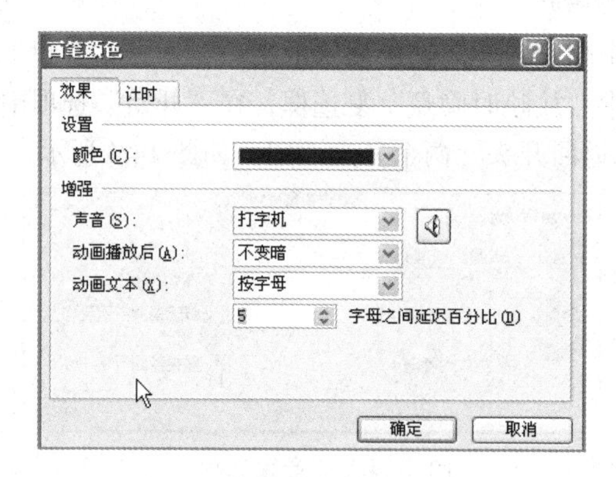

图 14.5 “画笔颜色”对话框

④在对话框中，单击“计时”选项卡，在“开始”栏中选择“上一动画之后”效果选项，在“期间”栏中选择“慢速（3 秒）”效果选项。

14.2 为“组织机构”设置动画

1. 为“组织机构”大圆设置动画

【操作步骤】

①打开第 4 张幻灯片，选中“组织机构”大圆，单击“动画”选项卡，在“动画”组中单击下拉按钮，在“强调”中选择“陀螺旋”效果。在幻灯片右侧的“动画窗格”中，单击“椭圆 1 组”右侧的下拉按钮，从中选择“效果选项”命令，打开“陀螺旋”对话框。

②在对话框中，单击“效果”选项卡，在设置“数量”中选择“7200 顺时针 ”，单击“确定”

按钮。单击“计时”选项卡，在“开始”栏中选择“上一动画之后”选项，在“期间”栏中选择“慢速（3 秒）”选项。

2. 为“党群组织机构”小圆设置动画

【操作步骤】

①选中“党群组织机构”小圆，单击“动画”选项卡，在“动画”组中单击下拉按钮，在“进入”中选择“形状”效果。在幻灯片右侧的“动画窗格”中，单击“椭圆 2：党”右侧的下拉箭头，从中单击“效果选项”命令，打开“圆形扩展”对话框。

②在对话框中，单击“计时”选项卡，在“开始”栏中选择“与上一动画同时”选项，在“期间”栏中选择“慢速（3 秒）”选项，单击“确定”按钮。

③再次选中“党群组织机构”小圆，单击“动画”选项卡，在“动画”组中单击下拉按钮，选择“其他动作路径”命令，打开“更改动作路径”对话框，选择“圆形扩展”选项，如图 14.6 所示。

④此时幻灯片小圆的下方出现一个虚线的圆，就是我们设置的小圆的运动轨迹，需要进行调整，首先按住虚线小圆的 4 个拖动点，把小圆调整为半径=小圆半径+大圆半径的一个大圆，最好是一个正圆，这需要慢慢调整。接下来就是要调整小圆运动的起始出发点，把鼠标指针移动到调整好的大圆上方，按住上方的黄色调整按钮，把小圆的起始出发点旋转到小圆的中心点即可，如图 14.7 所示，看看效果如何，不行再调整。

⑤单击幻灯片右侧的“动画窗格”中新的“椭圆 2，党”右侧的下拉按钮，选择“效果选项”命令，打开“圆形扩展”对话框”，单击“计时”选项卡，在“开始”栏中选择“上一动画之后”选项，在“期间”栏中选择“中速（2 秒）”选项，单击“确定”按钮。

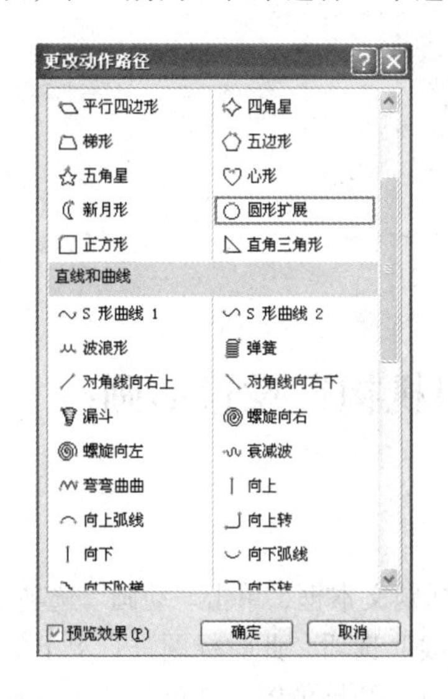

图 14.6　“更改动作路径”对话框

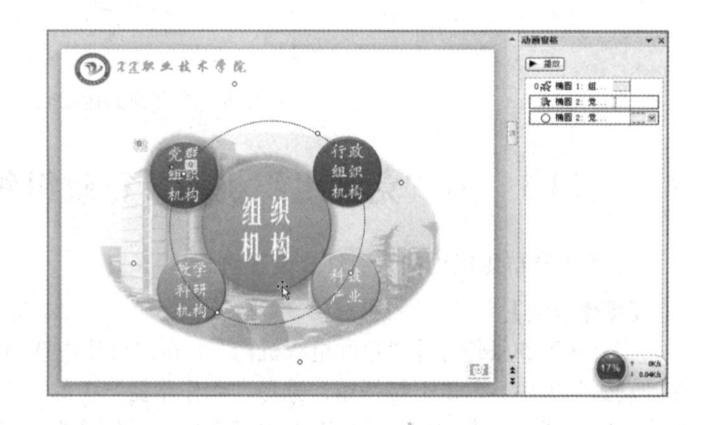

图 14.7　更改运动轨迹

3. 为“行政组织机构”小圆设置动画

【操作步骤】

①选中“行政组织机构”小圆，单击“动画”选项卡，在“动画”组中单击下拉按钮，在“进入”中选择“形状”效果。在幻灯片右侧的“动画窗格”中，单击“椭圆 4：行”右侧的下拉箭头，从中单击“效果选项”命令，打开“圆形扩展”对话框。

②在对话框中，单击“计时”选项卡，在“开始”栏中选择“与上一动画同时”选项，在“期间”栏中选择“慢速 3 秒”选项，单击“确定”按钮。

③再次选中“行政组织机构”小圆，单击“动画”选项卡，在“动画”组中单击下拉按钮，选择“其他动作路径”命令，打开“更改动作路径”对话框，选择“圆形扩展”选项。

④此时幻灯片小圆的下方出现一个虚线的圆，就是我们设置的小圆的运动轨迹，需要进行调整，首先按住虚线小圆的 4 个拖动点，把小圆调整为半径=小圆半径+大圆半径的一个大圆，最好是一个正圆，接下来就是要调整小圆运动的起始出发点，把鼠标移动到调整好的大圆上方，按住上方的绿色调整按钮，把小圆的起始出发点旋转到小圆的中心点即可。

⑤单击幻灯片右侧的“动画窗格”中新的“椭圆 4，行”右侧的下拉按钮，选择“效果选项”命令，打开“圆形扩展”对话框”，单击“计时”选项卡，在“开始”栏中选择“上一动画之后”选项，在“期间”栏中选择“中速（2 秒）”选项，单击“确定”按钮。

⑥我们用同样的动画设置方法，分别把剩下的两个小圆设置一下动画效果，主要是在设置小圆的运动轨迹时，要注意调整好圆的半径和起始出发点，4 个小圆的运动轨迹最好要重合，最终效果如图 14.8 所示。

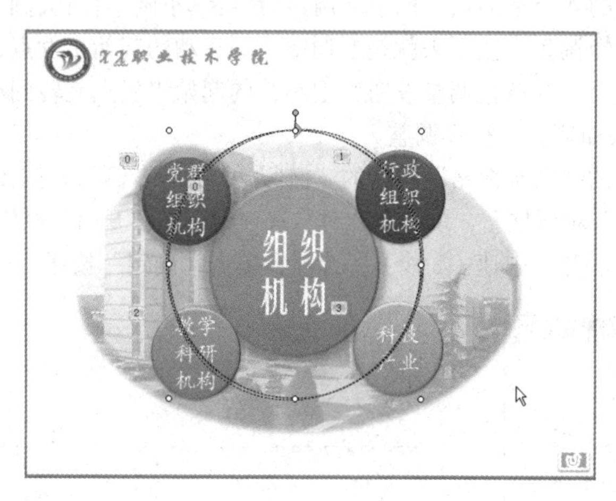

图 14.8　所有圆的运动轨迹

14.3　为“党群组织机构、行政组织机构”设置动画

1. 为“党群组织机构”幻灯片设置动画

【操作步骤】

①打开第 5 张幻灯片“党群组织机构”，在幻灯片中选中标题文本框，单击“动画”选项卡，在“动画”组中，单击下拉按钮，选择“动作路径”中的“直线”选项，此时标题进行上下的直线运动，出现一个虚线的直线，两头有两个三角形的箭头，绿色是开始位置，红色是截止位置，直线的大小和方向都需要调整。按住绿色的三角形按钮，把它拖到平行左边的位置，再拉大长度，使得开始于幻灯片的最左边，终止与标题文本框的中间，再把虚线拖动到文本框的中间位置即可，如图 14.9 所示。

②在“动画窗格”中，单击“标题 1 党”右侧的下拉按钮，从中选择“效果选项”命令，打开“直线”对话框。单击“计时”选项卡，在“开始”栏中选择“上一动画之后”选项，在“期间”栏中选择“中速（2 秒）”选项。

图 14.9　“直线”运动轨迹设置

③选择幻灯片中的左侧的文本框，单击“动画”选项卡，在“动画”组中，单击下拉按钮，选择“擦除”效果选项。单击“动画窗格”中“内容占位符”右侧的下拉按钮，选择“效果选项”命令，打开“擦除”对话框。

④在对话框中，单击“计时”选项卡，在“开始”栏中选择“上一动画之后”选项，在“期间”栏中选择“中速（2 秒）”选项。单击“效果”选项卡，选择“设置方向”为“自底部”。

⑤选择幻灯片中的右侧的文本框，单击“动画”选项卡，在“动画”组中，单击下拉按钮，选择“擦除”效果选项。单击“动画窗格”中“内容占位符”右侧的下拉按钮，选择“效果选项”命令，打开“擦除”对话框。

⑥在对话框中，单击“计时”选项卡，在“开始”栏中选择“与上一动画同时”选项，在“期间”栏中选择“中速（2 秒）”选项。单击“效果”选项卡，选择“设置方向”为“自底部”。

2. 为“行政组织机构”幻灯片设置动画

【操作步骤】

①打开第 6 张幻灯片，在幻灯片中，选中“行政组织机构”标题，将标题文本框移动到幻灯片的最底部，单击“动画”选项卡，在“动画”组中，单击下拉按钮，选择“动作路径”中的“直线”选项，此时标题跑没了，是因为直线的移动方向默认为从上到下，所以需要调整直线的运动轨迹，首先拉大直线的长度，再单击“动画”组中的“效果选项”按钮，从中选择“反转路径方向”命令，使得运动轨迹由下而上，把直线运动终止于原来标题栏中间的位置即可。

②单击“动画窗格”中“标题 1 ：行”右侧的下拉按钮，单击“效果选项”命令，打开“直线”对话框，在对话框中，单击“计时”选项卡，在“开始”栏中选择“上一动画之后”选项，在“期间”栏中选择“中速（2 秒）”选项。

③选择幻灯片中的左侧的文本框，单击“动画”选项卡，在“动画”组中，单击下拉按钮，选择“擦除”效果选项。单击“动画窗格”中“内容占位符”右侧的下拉按钮，选择“效果选项”命令，打开“擦除”对话框。

④在对话框中，单击“计时”选项卡，在“开始”栏中选择“上一动画之后”选项，在“期间”栏中选择“中速（2 秒）”选项。单击“效果”选项卡，选择“设置方向”为“自底部”，单击“正文文本动画”选项卡，在“正文文本”中选择“作为一个对象”选项。

⑤选择幻灯片中的右侧的文本框，单击“动画”选项卡，在“动画”组中，单击下拉按钮，选择“擦除”效果选项。单击“动画窗格”中“内容占位符”右侧的下拉按钮，单击“效果选项”命令，打开“擦除”对话框。

⑥在对话框中，单击“计时”选项卡，在“开始”栏中选择“与上一动画同时”选项，在“期间”栏中选择“中速（2 秒）”选项。单击“效果”选项卡，选择“设置方向”为“自底部”，单击“正文文本动画”选项卡，在“正文文本”中选择“作为一个对象”选项。

“教学科研机构”幻灯片的动画设置可以设置和“党群组织机构”的动画设置相同；“科技产业”幻灯片的动画设置可以设置和“行政组织机构”的动画设置相同，当然也可以根据需要进行不同的设置，方法相同。

14.4 为“专业设置”“校园风光”设置动画

1. 为“专业设置”幻灯片设置动画

【操作步骤】

①打开第 9 张幻灯片，在幻灯片中，选中“专业设置”标题，单击“动画”选项卡，在 “动画”组中，单击下拉按钮，选择“进入”中的“浮入”选项。在“动画窗格”中单击“标题 1：专”右侧的下拉按钮，从中选择“效果选项”命令，打开“上浮”对话框。

②在对话框中，单击“计时”选项卡，在“开始”栏中选择“上一动画之后”选项，在“期间”栏中选择“中速（2 秒）”选项。

③标题下有 8 个系部文本框，我们选择第一个文本框进行制作。首先选中第一个文本框，单击“动画”选项卡，在“动画”组中，单击下垃按钮，选择“进入”中的“劈裂”效果选项。单击“动画窗格”中的“TextBox 2”右侧的下拉按钮，选择“效果选项”命令，打开“劈裂”对话框。

④在对话框中，单击“效果”选项卡，选择“设置方向”为“左右向中间收缩”，单击“计时”选项卡，在“开始”栏中选择“上一动画之后”选项，在“期间”栏中选择“快速（1 秒）”选项，单击“正文文本动画”选项卡，在“正文文本”栏中选择“作为一个对象”选项。

⑤对剩下的 7 个系部的文本框的动画设置，因为基本上是一样的设置效果，可以使用“动画刷”进行格式设置。首先选中第一个文本框“计算机科学技术系”，打开“动画”选项卡，在“高级动画”组中，双击“动画刷”，然后分别单击剩下的 7 个文本框，就可以使其他 7 个文本框的动画设置和第一个一样了。

⑥对第 10 张幻灯片“计算机科学技术系”专业设置的动画设置可以和第 9 张一样，在此不再描述。

2. 为“校园风光”幻灯片设置动画

（1）标题的动画设置

打开第 11 张幻灯片，在幻灯片中，选中“校园风光”标题，单击“动画”选项卡，在 “动画”组中，单击下拉按钮，选择“进入”中的“飞入”选项。在“动画窗格”中单击“标题 1：校”右侧的下拉按钮，从中单击“效果选项”命令，打开“飞入”对话框。

在对话框中，单击“计时”选项卡，在“开始”栏中选择“上一动画之后”选项，在“期间”栏中选择“中速（2 秒）”选项。单击“效果”选项卡，选择“设置方向为“自底部”选项。

（2）胶片的动画设置

选中胶片，单击“动画”选项卡，在“动画”组中单击下拉按钮，选择“动作路径”中的“直线”选项。此时出现一个虚线的直线，调整大小和方向，设置方向为从左到右，直线的长度为和幻灯片的狂度相同，位置在原来胶片的中间位置。

在“动画窗格”中，单击“组合”右侧的下拉按钮，选择“效果选项”命令，打开“向下”对话框，在对话框中，单击“效果”选项卡，将“平滑开始”“平滑结束”“弹跳结束”的值设置为“0 秒”。单击“计时”选项卡，在“开始”栏中选择“与上一动画同时”选项，在“期间”栏中选择“非常慢（5 秒）”选项，在“重复”栏中选择“直到幻灯片末尾”选项。

（3）风景图片的动画设置

我们在“校园风光”中还添加了 5 张图片，首先选中左上角的图片，单击“动画”选项卡，在“动画”组中，单击下拉按钮，选择“动作路径”中的“直线”效果选项，此时在幻灯片中出现一个虚线的直线，调整方向和长度，方向为从图片中心点从左到右，到幻灯片的中间 1/4 处。左下角的图片设置一样，右边的两个图片方向是从右到左，位置一样。

在“动画窗格”中，分别单击“图片”右侧的下拉按钮，单击“效果选项”，打开对话框，单击“计时”选项卡，在“开始”栏中选择“与上一动画同时”选项，在“期间”栏中选择“慢速（3 秒）”选项。

再选中右下角的图片，单击“动画”选项卡，在“动画”组中，单击下拉按钮，选择“动作路径”中的“自定义路径”效果选项，从图片的中心点画一条到幻灯片中心点的线，也就是方向的结束点是幻灯片的中心点。

在“动画窗格”中，单击“图片”右侧的下拉按钮，单击“效果选项”，打开对话框，单击“计时”选项卡，在“开始”栏中选择“上一动画之后”选项，在“期间”栏中选择“慢速（3 秒）”选项，如图 14.10 所示。

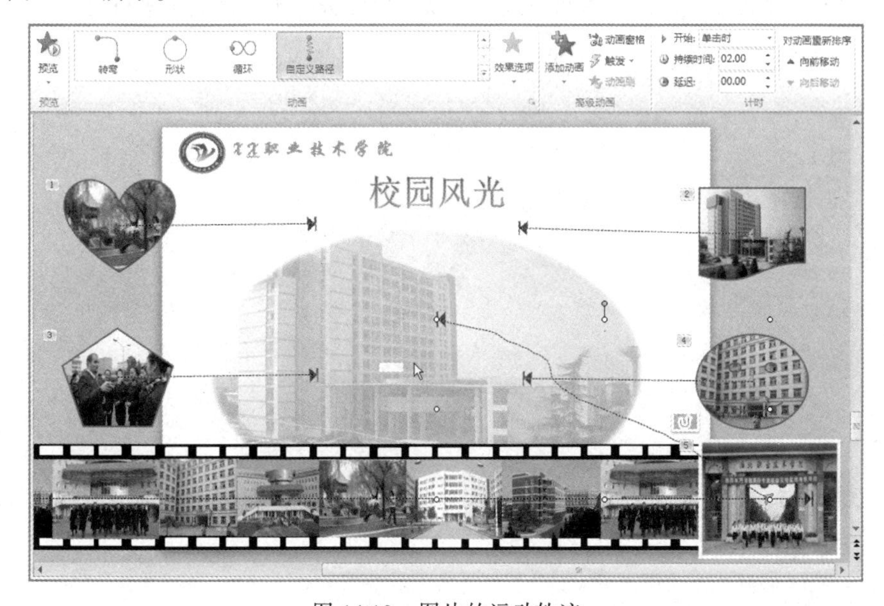

图 14.10 图片的运动轨迹

14.5 为“就业情况”“结束语”设置动画

1. 为“就业情况”幻灯片设置动画

【操作步骤】

①打开第 12 张幻灯片“就业情况”，在幻灯片中选中“就业情况”标题，单击“动画”选项卡，在“动画”组中，单击下拉按钮，选择“进入”中的“弹跳”选项。

②在“动画窗格”中，单击“标题 1 就”右侧的下拉按钮，从中选择“效果选项”命令，打开“弹跳”对话框，在对话框中，单击“计时”选项卡，在“开始”栏中选择“上一动画之后”选项，在“期间”栏中选择“中速（2 秒）”选项。

③选中饼图，单击“动画”选项卡，在“动画”组中，单击下拉按钮，选择“进入”中的“形状”选项。

④在“动画窗格”中，单击“图表 2：背景”右侧的下拉按钮，从中单击“效果选项”命令，

打开“圆形扩展”对话框，在对话框中，单击“计时”选项卡，在“开始”栏中选择“上一动画之后”选项，在“延迟”栏中选择“1 秒”选项。单击“图表动画”选项卡，在“组合图表”中选择“按分类”效果选项。

2. 为“结束语”幻灯片设置动画

【操作步骤】

①打开第 13 张幻灯片“结束语”，在幻灯片中选中“谢谢观看，欢迎您的到来”艺术字，单击“动画”选项卡，在“动画”组中，单击下拉按钮，选择“强调”中的“陀螺旋”选项。

②在“动画窗格”中，单击“标题 1 谢”右侧的下拉按钮，从中单击“效果选项”命令，打开“陀螺旋”对话框，在对话框中，单击“计时”选项卡，在“开始”栏中选择“上一动画之后”选项，在“期间”栏中选择“中速（2 秒）”选项。单击“效果”选项卡，选择“数量”为“7200 顺时针”选项。

所有幻灯片的动画设置完成后就可以进行放映，以便进一步调试效果进行更改。

实训 15 多媒体基本应用工具的使用

【实训目的】

1. 掌握和了解 Windows 7 图像编辑器的基本操作。
2. 熟练掌握 Windows 7 音频、视频工具的使用。
3. 了解压缩工具 WinRAR 的基本操作。

15.1 Windows 7 图像编辑器

画图程序是 Windows 7 为用户提供的绘画作图工具，利用其中的各种工具，用户可以很方便的绘制点、线、园等基本图形，还可以建立、编辑和打印各种复杂的图形。

1. 启动“画图”程序

【操作步骤】

在 Windows 桌面上选择菜单“开始”→“所有程序”→“附件→“画图”命令，弹出图 15.1 所示的画图窗口。还可以在 Office 2010 应用程序（如 Word 2010）中选择“插入”→“对象”命令，在弹出的对话框列表框中选择“画笔图片”程序，然后单击“确定”按钮，即可进入画图窗口。

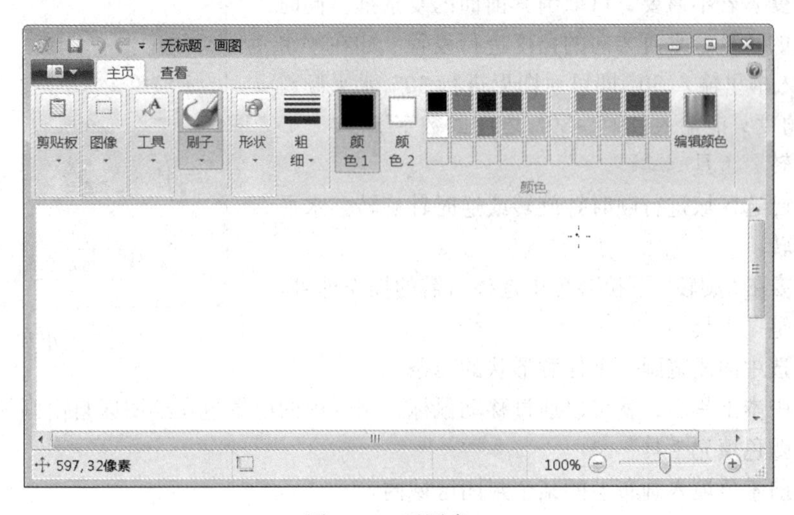

图 15.1　画图窗口

2. 绘图工具的使用

画图的绘图工具箱中共有 14 种工具，分别用 14 种图标表示，如图 15.2 所示。在需要选择某一种绘图工具时，首先将鼠标指针移到对应的图标上，然后单击鼠标左键即可。下面分别介绍各个绘图工具的功能与操作。

（1）“选择”工具

功能：在当前编辑的图形中选取某一块区域中的图形。

操作：单击“选择”下拉按钮，下拉列表中出现“选择形状”和“选择选项”两部分命令菜单。“选择形状”中包括“矩形选择”和“自由图形选择”；“选择选项”中包括“全选”“反向选择”“删除”和“透明选择”等操作。以“矩形选择”为例，选中本工具，将光标移到矩形区域的左上角，按住鼠标左键，拖动鼠标到矩形区域的右下角后释放左键。此时，虚线框内的区域就被选中。

图 15.2　绘图工具栏

（2）“裁剪”工具

功能：裁剪当前编辑的图形。

操作：直接单击本工具，将裁剪选择框虚线外的部分，最终得到虚线框以内的部分图形。

（3）“重新调整大小”工具

功能：改变已选区域图形的大小。

操作：选中本工具后，弹出如图 15.3 所示的“调整大小和扭曲”对话框。在此对话框中，可依据“百分比”或“像素”对当前编辑图形的水平方向和垂直方向的大小进行调整。默认选中“保持纵横比”复选框，即水平和垂直方向上的大小保持同步改变。若不需要，可取消其前面的复选框。同时可对已选区域的水平、垂直方向的角度进行设置。如在“水平”右侧的输入框里输入 30，即可对图形进行 30° 水平倾斜（注意：倾斜角度只能输入-89° ~89° 之间的数字）。

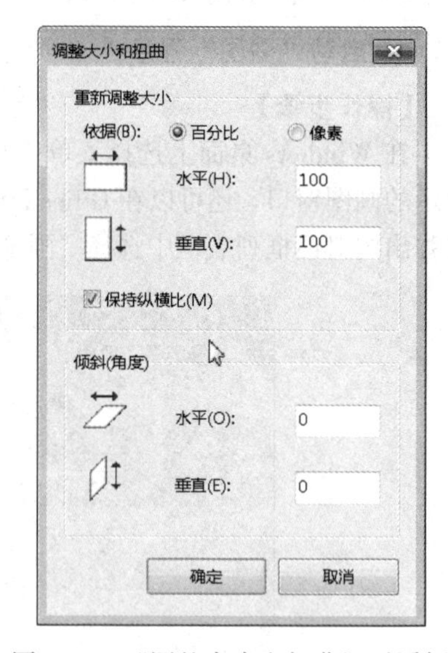

图 15.3　“调整大小和扭曲”对话框

（4）“旋转”工具

功能，对已选区域进行顺时针旋转或逆时针旋转、水平翻转或垂直翻转。

操作：直接在“旋转”下拉菜单中选择所需的操作即可。

（5）“铅笔”工具

功能：用选中的线宽画一个任意形状的线条。

操作：选中本工具后，就可以通过移动鼠标，用选中的前景色在绘图区自由画线。

（6）“用颜色填充工具”

功能：用前景色填入画布上的某个封闭区域内。

操作：选中本工具后，将鼠标指针置于某封闭区域（如空心方框、空心圆等）中，单击，则该区域被前景色填满。如果区域不封闭，则在全窗口内用前景色填满。或者右击，则该区域被背景色填满。

（7）“文本”工具 A

功能：在图形中加入文字标注。

操作：选中本工具后，单击绘图区中需要加注文字说明的位置，此时可以在文本光标处输入文字，同时出现“文本工具”选项卡，这样就可以用“字体”功能区中的命令按钮对文本进行文字、字号等设置。

（8）“橡皮擦”工具

功能：擦除图片的一部分并用背景色替换该部分。

操作：选中本工具后，将光标移到需要擦除的位置，按住鼠标左键，沿着擦出的部分拖动鼠标。放开鼠标左键即结束擦出。

（9）“颜色选取器”工具

功能：从图片中选取颜色并将其用于绘图。

操作：选中本工具后，单击包含要复制的颜色的区域，此时发现调色板中的“颜色 1”变为复制的颜色，此后可用于绘图。

（10）“放大镜”工具

功能：更改图片某个部分的放大倍数。

操作：选中本工具后，在绘图区中单击一次，即将图形放大一次；右击一次，图形就缩小一次。可连续放大或缩小多次。

（11）“刷子”工具

功能：用不同种类的刷子绘画，包括书法笔刷、喷枪、水彩笔刷等共 9 中刷子，如图 15.4 所示。

操作：单击“刷子”下拉箭头，弹出图 15.4 所示的 9 种刷子。用户从其中选取一种刷子后，将光标移动到绘图区的起始点，按住鼠标左键移动鼠标，即可画出与光标移动轨迹相同的线条，放开鼠标左键即停止绘制。

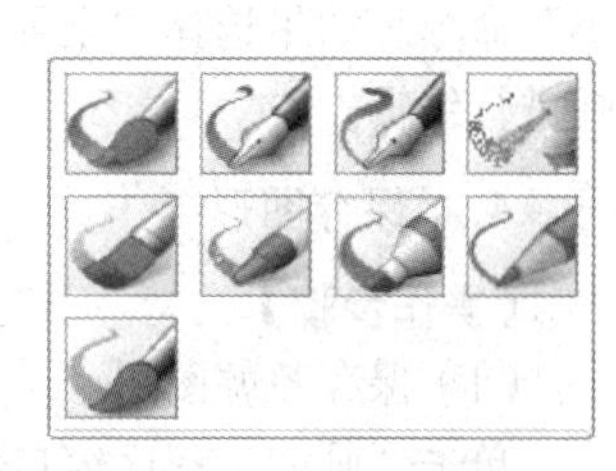

图 15.4　9 种不同的刷子

（12）“图形选择”工具

功能：在“形状”组中，共有直线、曲线、椭圆和矩形等 23 种不同的图形可供选择。

操作：从“形状”组中选择所需绘制的图形，在绘图区单击并释放，即可完成图形的绘制。

（13）“轮廓”工具

功能：为形状轮廓选择媒体。

操作：选中图形，单击“轮廓”下拉按钮，从下拉列表中选择所需的轮廓媒体（如水彩）。

（14）“填充”工具

功能：为形状填充选择媒体。

操作：选中图形，单击“填充”下拉按钮，从下拉列表中选择所需的填充媒体（如油画颜料）。

3. 编辑图形

【操作步骤】

①打开图像：单击“画图”程序窗口左上角的“画图”按钮，在弹出的下拉菜单中选择“打开”命令，然后在“打开”对话框中指定要打开文件所在的路径、文件类型及文件名。

②新建图像文件：单击“画图”程序窗口左上角的“画图”按钮，在弹出的下拉菜单中选择“新建”命令，然后在空白区域绘制图形。

③设置图画的尺寸和颜色：单击“画图”程序窗口左上角的“画图”按钮，在弹出的下拉菜单中选择“属性”命令，然后在打开的“映像属性”对话框中设置画布的宽度、高度和颜色。

④设置当前的前景色：单击“颜色 1”，然后在颜料盒中某个颜色块上单击。如果要设置当前的背景色，单击“颜色 2”，然后在颜料盒中某个颜色块上单击。

⑤输入文本：

a. 单击工具箱中的“文字”工具。

b. 在绘图区拖放鼠标指针，出现一个文本框盒一个文本工具栏。

c. 选中文本的前景色和背景色。

d. 在文本框中输入文字。

e. 完成文本输入后，在文本框外单击。

⑥绘制图形：

a. 在“主页”选项卡上的“形状”组中，单击选中相应的图形。

b. 选择前景色和背景色。

c. 将鼠标移动到绘图区制定位置，单击或拖放鼠标即可画出相应形状。

⑦放大或缩小图画的显示比例：在“查看”选项卡上的“缩放”组中，单击“放大”或“缩小”命令。如果选择“全屏”命令，则可以以全屏方式查看当前图片，但在这种状态下无法对图画进行编辑。

4. 保存图形

【操作步骤】

（1）保存整幅图形

单击“画图”程序窗口左上角的“画图”按钮，在弹出的下拉菜单中选择“保存”命令，或者选择“另存为”→“PNG 图片”或“JPEG 图片”命令，就可以把画图区中的内容保存起来。如果是第一次保存，将弹出“保存为”对话框，输入文件名，并选择保存类型：默认保存类型为.png 文件，也可以保存为 JPG、GIF 或 TIF 等格式的文件，然后单击“保存”按钮。

（2）保存选中区域图

选中图片的某一部分，在“主页”选项卡上的“剪贴板”组中，选择“复制”命令，然后再单击“画图”程序窗口左上角的“画图”按钮，在弹出的下拉菜单中选择“新建”命令，在“主页”选项卡上的“剪贴板”组中选择“粘贴”命令，将图片粘贴到其中，再单击窗口左上角的“画图”按钮，选择“保存”或“另存为”命令，从而以新的画布保存原图形选中的区域。

15.2 Windows 音频、视频工具的使用

1. 录音机常用操作

【操作步骤】

（1）启动录音机程序

选择“开始”→“所有程序” →“附件” →“录音机”命令，即启动“录音机”程序，出现图 15.5 所示的界面。

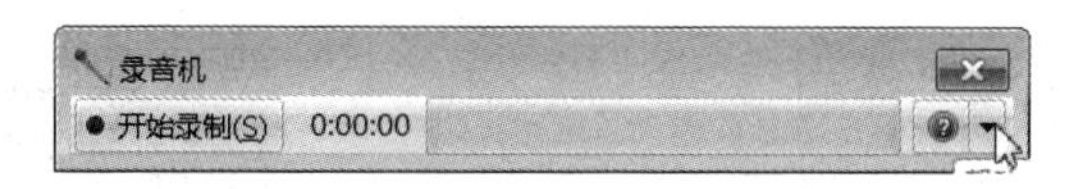

图 15.5　“录音机”程序

（2）录音

单击“开始录制”按钮则开始录音；录音完毕，单击“停止录制”按钮，自动弹出“另存为”对话框，在“文件名”框中输入文件名，然后单击“确定”按钮，将录制的声音保存为 Windows Media 音频文件。

（3）播放声音

双击要播放的音频文件即可开始播放。

2. Windows Media Player 的常用操作

【操作步骤】

（1）Windows Media Player 的启动

选择“开始”→“所有程序”→Windows Media Player 命令，即启动 Windows Media Player 程序，出现如图 15.6 所示的窗口。

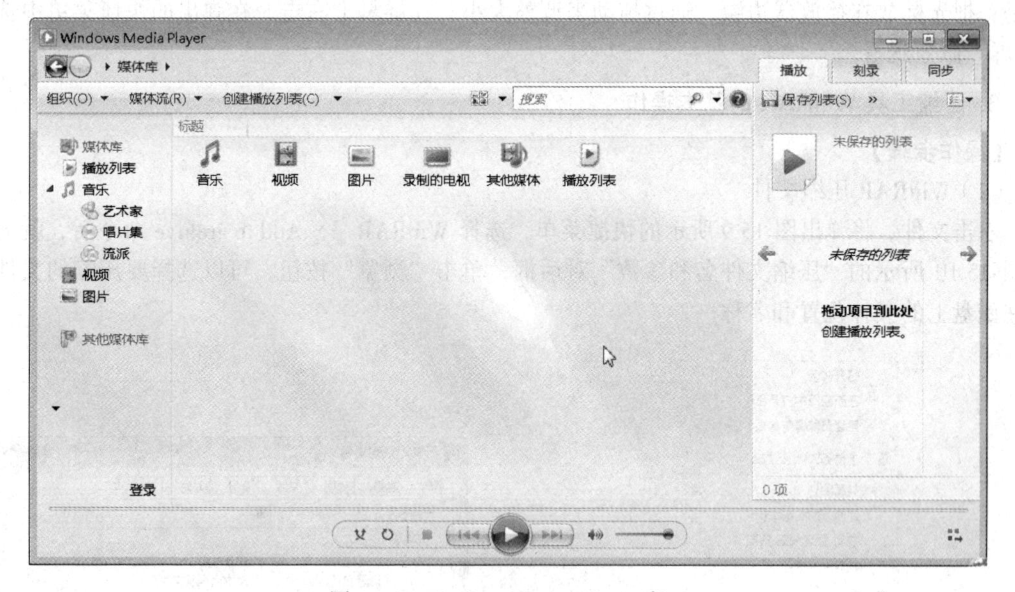

图 15.6　Windows Media Player 窗口

（2）Windows Media Player 显示模式切换

Windows 媒体播放器默认打开的是“库”模式，可以通过以下操作显示模式的切换：

在“库”模式下，在媒体播放器窗口下端的地址栏中右击，在弹出的快捷菜单中选择“试图”→“外观”命令，如图 15.7 所示，则屏幕切换到“外观”模式显示方法。若要切换回“库”模式，则可在媒体播放器窗口下端的地址栏中右击，在弹出的快捷菜单中选择“切换到媒体库”命令；或者在“外观”模式下，选择“查看” →“库”命令，如图 15.8 所示。

图 15.7 “外观”模式窗口

图 15.8 到“库”模式

（3）播放媒体文件

方法一：单击位于窗口底部播放控制区的“播放”按钮。

方法二：鼠标指针停留在该媒体文件上，双击。

方法三：鼠标指针停留在该媒体文件上，右击，在弹出的快捷菜单中选择“播放”命令。

用户可以单击播放控制区中的控制按钮来开始或停止播放，还可以设定播放屏幕的大小，方法是：把光标放在播放器边缘，通过拖动来调整大小。在屏幕上右击，在弹出的快捷菜单中选择“全屏”命令观看。

3. 压缩工具 WinRAR 的基本操作

【操作步骤】

（1）WinRAR 压缩文件

右击文件，将弹出图 15.9 所示的快捷菜单，选择 WinRAR → Add to archive 命令后，就会出现图 15.10 所示的“压缩文件名和参数”对话框，单击“浏览”按钮，可以选择要压缩的文件保存在磁盘上的具体位置和名称。

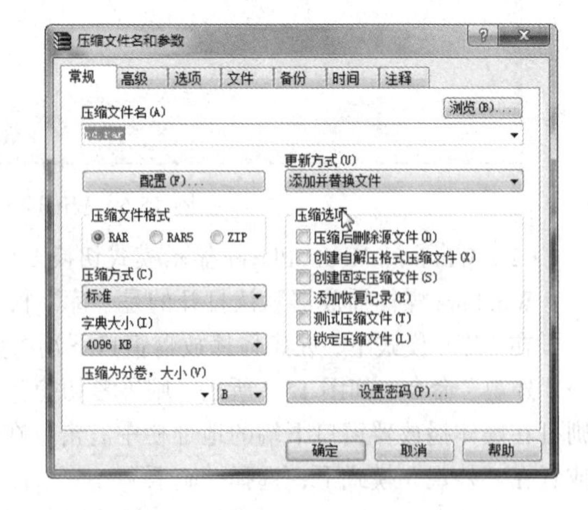

图 15.9 快捷方式打开 WinRAR

图 15.10 “压缩文件名和参数”窗口

（2）解压缩文件的方法

方法一：右击需要解压缩的文件，在弹出的快捷菜单中选择解压文件后，弹出图 15.11 所示的窗口。在“目录路径”中选择解压缩后的文件存放在磁盘上的位置，然后单击“确定”按钮就可以完成文件的解压缩。

方法二：双击压缩文件，出现图 15.12 所示的 WinRAR 主界面。单击“解压到”命令按钮后，接下来的操作步骤与方法一相同。在图 15.12 中，单击“添加”按钮，就可以向压缩包增加需压缩的文件；单击“自解压”按钮，生成脱离 WinRAR 可自行解压的 EXE 可执行文件。

图 15.11　“解压路径和选项”窗口

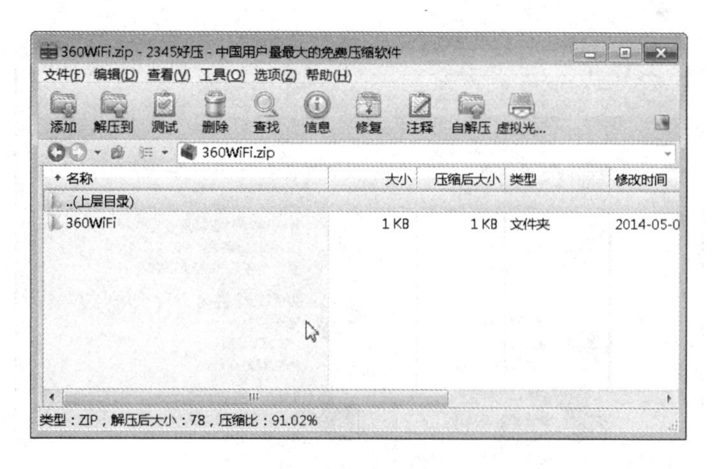

图 15.12　WinRAR 主界面

实训 16 网络与Internet实训

【实训目的】

1. 掌握 TCP/IP 协议属性的配置
2. 掌握 ping 命令的使用
3. 掌握 WWW 浏览器和常用搜索引擎的基本使用方法。
4. 掌握电子邮件的账号设置方法及收发电子邮件的基本方法。

16.1 TCP/IP 属性的配置

【操作步骤】

① 检查物理网络连接，确保连接正确。

② 单击“开始”按钮，选择“控制面板”命令，打开“控制面板”窗口，如图 16.1 所示。

图 16.1 “控制面板”窗口

③ 单击“网络和 Internet”图标，打开图 16.2 所示的窗口。

④ 单击“网络和共享中心”图标，弹出图 16.3 所示的窗口。

⑤ 单击窗口中的“更改适配器设置”选项，弹出图 16.4 所示的窗口。

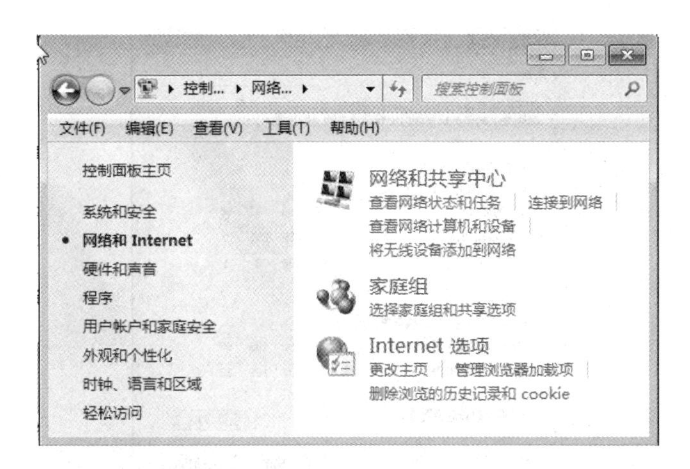

图 16.2　网络和 Internet 属性窗口

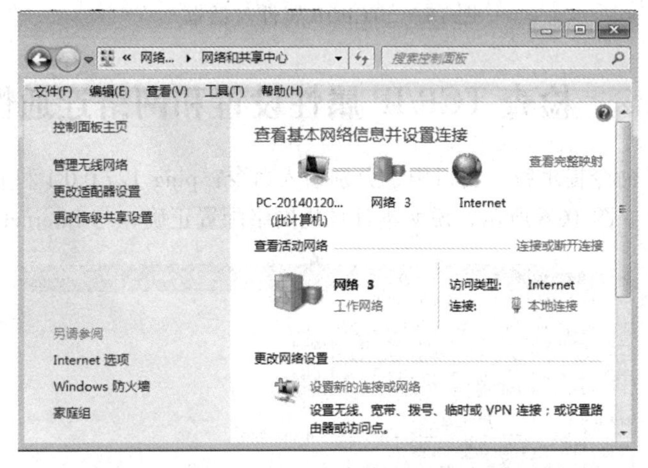

图 16.3　网络和共享中心属性窗口

图 16.4　更改适配器设置

⑥右击窗口中的“本地连接”图标，在弹出的快捷菜单中选择“属性”命令，弹出“本地连接属性”对话框，从“此连接使用下列项目”栏中选择“Internet 协议版本 4（TCP/IPv4）”，然后单击“属性”按钮，弹出图 16.5 所示的对话框。

⑦ 在“Internet 协议（TCP/IP）属性”对话框中，选择“使用下面的 IP 地址”单选按钮，可以设置此链接的 IP 地址，子网掩码等各项内容。

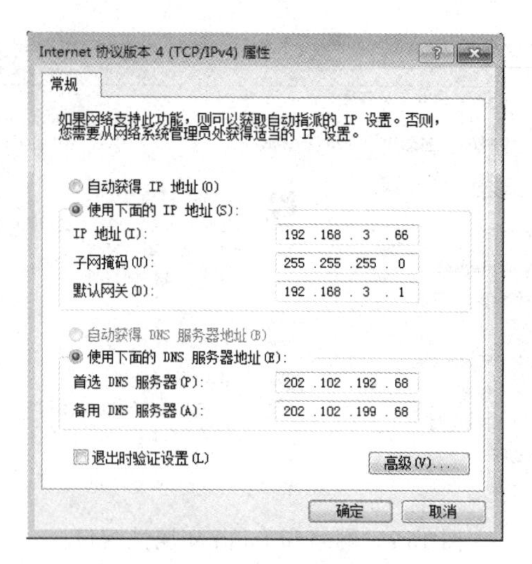

图 16.5　TCP/IP 属性对话框

16.2　检查 TCP/IP 属性设置和网络连通性

在 Windows 的“命令提示符”窗口中，分别输入命令：ping 127.0.0.1 和 ping www.163.com，查看命令运行结果，如图 16.6 所示，说明本计算机网络配置正确，与 Internet 连接也正常。

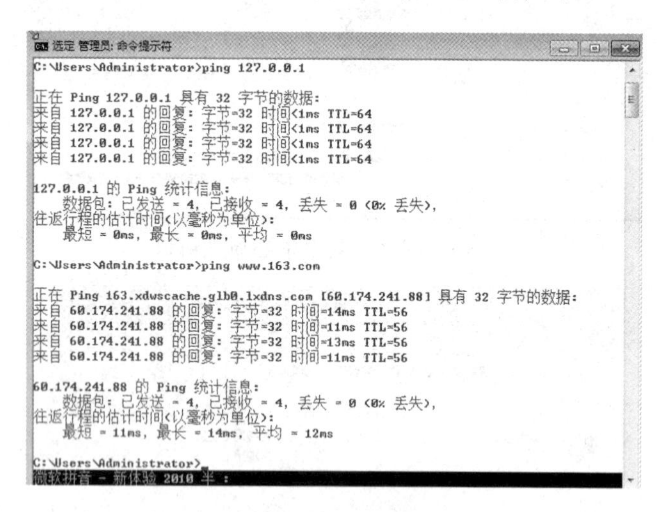

图 16.6　ping 命令测试结果

16.3　浏览网页与网上信息搜索

熟悉从 Internet 上快捷地获取各种信息的方法，掌握浏览器的基本设置方法和利用搜索引擎搜索信息的方法和技巧。操作实施步骤如下：

①启动 IE：双击桌面上的 Internet Explorer 图标。

②在图 16.7 所示的地址栏中输入搜狐的网址：www.sohu.com，按【Enter】键。浏览搜狐网站的信息，如图 16.8 所示。

图 16.7 IE 浏览器

图 16.8 搜狐网站主页

③选择“工具”菜单中“Internet 选项”命令，选择“常规”选项卡，如图 16.9 所示。

在“地址”栏输入主页地址。如：www.baidu.com。主页地址是指每次启动 IE 浏览器时要打开的网址。也可以设置多个主页地址，即在“地址”栏中每输入一个主页地址后按【Enter】键。

④在“Internet 临时文件”栏，单击“设置”按钮。可以设置临时文件夹（上网时产生的临时文件）使用磁盘空间的大小，如图 16.10 所示。

⑤在图 16.9 中的“历史记录”栏，可以选择“清除历史记录”的天数。

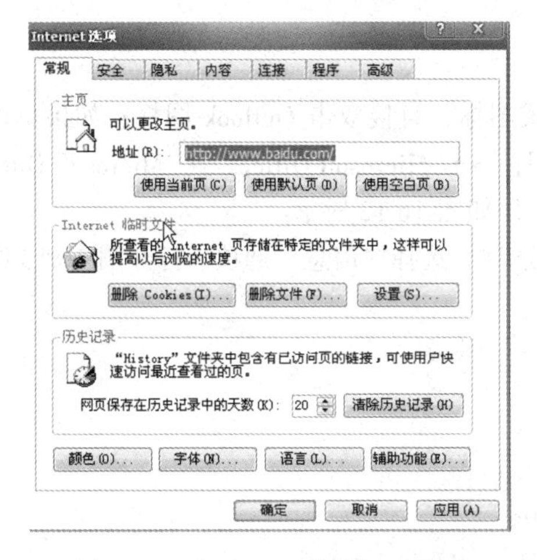

图 16.9 “Internet 选项”对话框

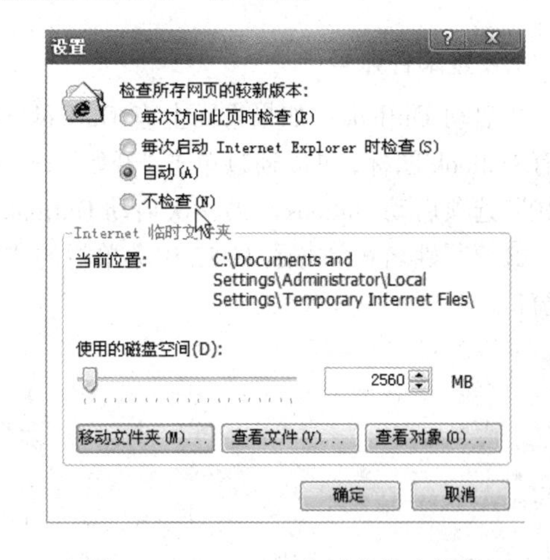

图 16.10 Internet 临时文件夹设置

⑥了解搜索引擎的概念。搜索引擎是一种特殊的网站，它本身不提供任何信息，而是组织和整理网上的信息资源，建立信息的分类目录。用户连接上这些站点后通过一定的索引规则，可以快速地查找到所需信息的位置。

常见的搜索引擎有：Yahoo（http://www.yahoo.com）、Google（http://www.google.com.hk）、百度（http://www.baidu.com）、新浪（http://www.sina.com.cn）、还有搜狐、网易、天网等。下面利用搜索引擎查找有关计算机等级考试的有关信息。

a. 在 IE 浏览器的“地址”栏中输入 http://www.baidu.com，按【Enter】键，就进入百度搜索引擎网站，在图 16.11 所示的文本框中输入“计算机等级考试”关键词。然后，单击“百度一下”按钮，就可以查找到有计算机等级考试信息的很多网站的位置。

b. 精确查询。在文本框中输入的关键词用一对双引号括起来，就只能查找与关键词精确匹配的信息。如输入“中央电视台”关键词，不会查找出“电视台”的网页。

图 16.11 百度搜索引擎

c. 使用“+”（加号）。在文本框中用“+”号将多个关键词连接起来。表示要查找的信息必须同时包含这几个关键词。如输入“北京+上海”，则只会查找出同时包含“北京”和“上海”两个关键词的网页。

d. 使用“-”（减号）。在关键词前面用减号，表示查询的结果中不包含减号后的关键词。如输入“电视台-中央电视台”，则查询的结果中不会出现“中央电视台”这个信息。

16.4 电子邮件的使用

1.设置邮件账号

①启动 Outlook：如果桌面上有 Outlook 快捷方式图标，直接双击 Outlook 图标；如果桌面上没有 Outlook 图标，可以通过单击“开始”→“所有程序”→“Microsoft Office”→“Microsoft Outlook 2010”选项启动 Outlook。第一次启动 Outlook 后的窗口如图 16.12 所示。

②填写姓名：单击图 16.12 中菜单栏的“文件”选项，选择“信息”选项，打开图 16.13 所示的窗口。

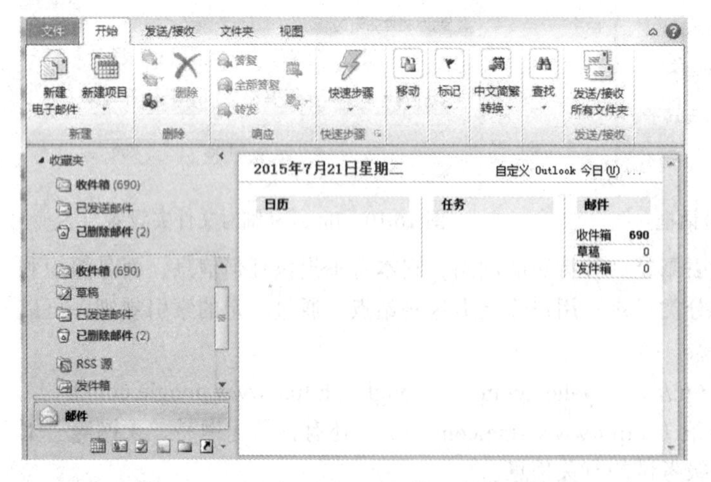

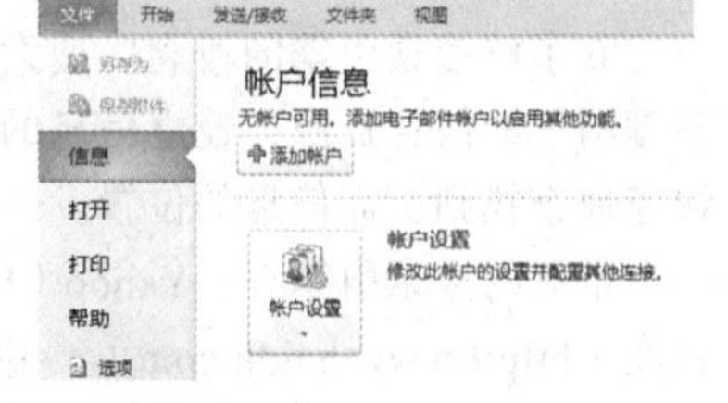

图 16.12 Microsoft Outlook 第一次启动界面　　图 16.13 “账户信息”窗口

单击“添加账户”按钮，打开图 16.14 所示的窗口。在该窗口中填写自己的姓名，电子邮件、密码，单击“下一步”按钮。

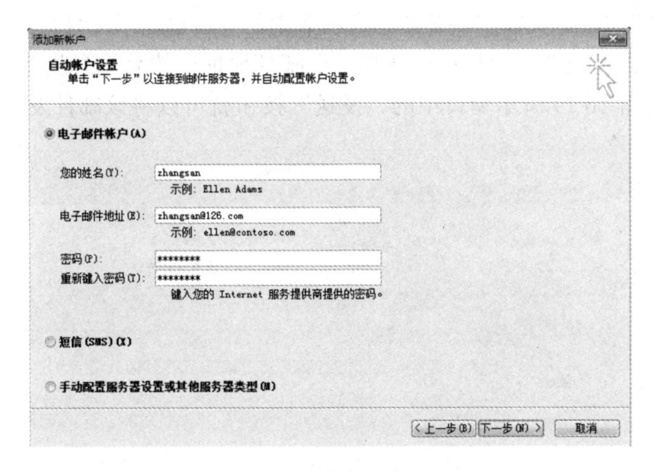

图 16.14　“添加新账户”窗口

③填写好后，进入配置电子邮件服务器窗口，如图 16.15 所示。

④配置成功后，添加新用户操作完成，如图 16.16 所示。

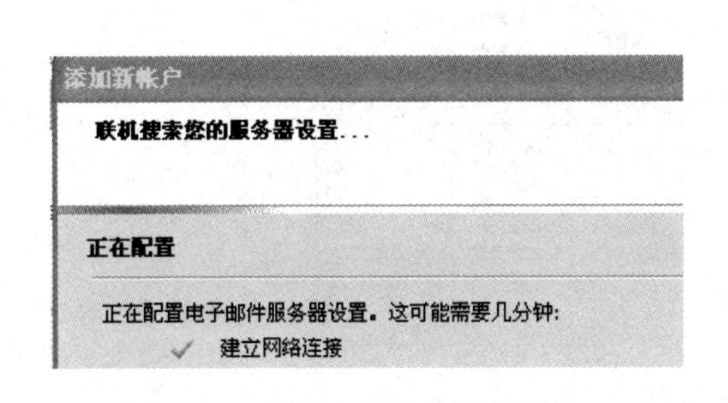

图 16.15　配置电子邮件服务器窗口

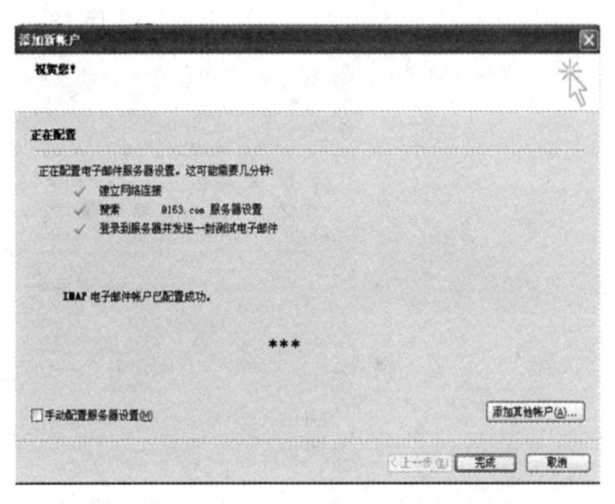

图 16.16　电子邮件账户配置成功

2. 收发电子邮件

①打开 Outlook 收件箱窗口，单击“收件箱”按钮，可以查看用户自己邮箱中的邮件了，并能进行邮件的收发操作。

②双击一封邮件，就可以阅读该邮件，如图 16.17 所示。

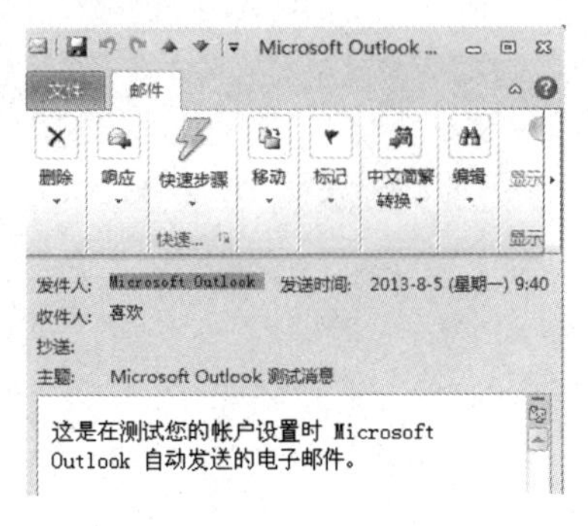

图 16.17　“邮件阅读”窗口

③发送邮件：单击 Outlook 窗口“开始”选项卡中的“新建电子邮件”按钮，打开图 16.18 所示的“新邮件”窗口，在发件人地址栏中选择一个邮件地址，然后填写收件人地址和主题，书写邮件内容，最后单击图 16.19 所示窗口中的“发送”按钮就可以将该邮件发送出去。

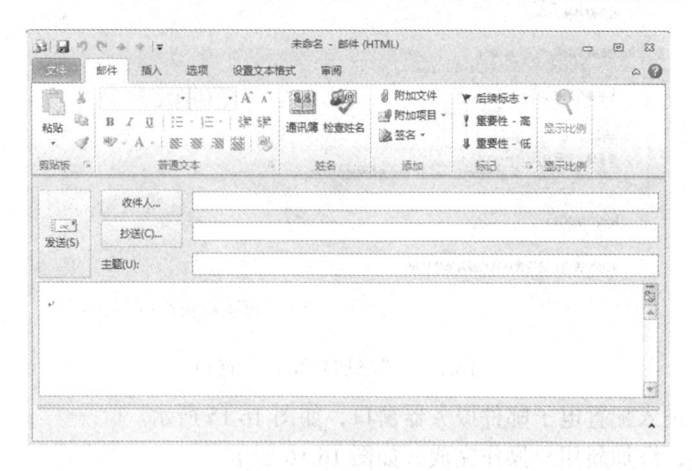

图 16.18　“新邮件”窗口

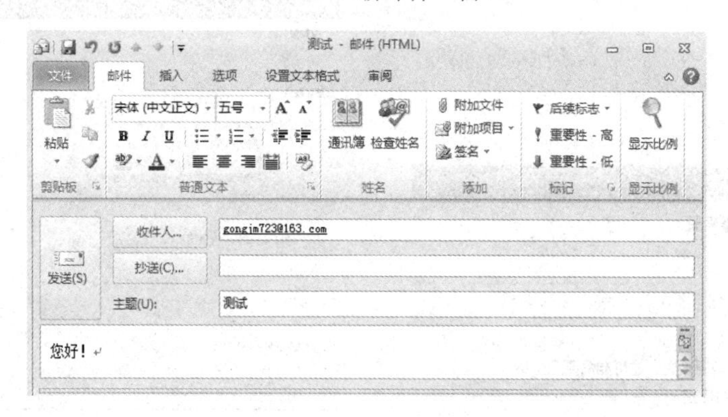

图 16.19　书写邮件

第二部分

强化练习题及参考答案

该部分收集了大量的习题，题型丰富，内容和知识点覆盖全面，有利于理解和掌握基本知识和基础理论。

第1章 计算机基础知识

一、单项选择题

1. 计算机之所以能自动连续运算，是由于采用了____工作原理。

A. 布尔逻辑　　B. 存储程序　　C. 数字电路　　D. 集成电路

2. 计算机的发展阶段通常是按计算机所采用的____来划分的。

A. 内存容量　　B. 操作系统　　C. 程序设计语言　　D. 电子器件

3. 把计算机分巨型机、大中型机、小型机和微型机，本质上是按____划分。

A. 计算机的体积　　B. CPU 的集成度

C. 计算机总体规模和运算速度　　D. 计算机的存储容量

4. 第一代到第四代计算机的体系结构都是由运算器、控制器、存储器以及输入输出设备组成，它被称为____体系结构。

A. 艾伦·图灵　　B. 罗伯特·诺依斯

C. 比尔·盖茨　　D. 冯·诺依曼

5. 根据系统规模大小与功能的强弱来分类，笔记本式计算机属于____。

A. 大型机　　B. 中型机　　C. 小型机　　D. 微型机

6. 电子计算机的分代主要是根据____来划分的。

A. 年代　　B. 电子元件　　C. 工作原理　　D. 操作系统

7. 电子计算机与其他计算工具的本质区别是____。

A. 能进行算术运算　　B. 运算速度高

C. 计算精度高　　D. 存储并自动执行程序

8. 计算机自诞生以来，无论在性能、价格等方面都发生了巨大的变化，但是____并没有发生多大的改变。

A. 耗电量　　B. 体积　　C. 运算速度　　D. 基本工作原理

9. 计算机中采用二进制，是因为____。

A. 硬件易于实现　　B. 两个状态的系统具有稳定性

C. 二进制的运算法则简单　　D. 上述三个原因

10. 微型计算机的发展是以____技术为特征标志。

A. 操作系统　　B. 微处理器　　C. 磁盘　　D. 软件

11. iPhone 手机中使用到的 A7 处理器主要应用____技术制造。

A. 电子管　　B. 晶体管

C. 集成电路　　D. 超大规模集成电路（VLSI）

12. 我们在计算机上看到的文字、图像和视频等信息在计算机内部都是以____的形式进行存储和处理的。

A. 十进制编码　　B. 二进制编码　　C. BCD 编码　　D. ASCII 码

13. “神舟八号”飞船利用计算机进行飞行状态调整属于____。

A. 科学计算　　B. 数据处理　　C. 计算机辅助设计　　D. 实时控制

14. CAM 是计算机主要应用领域之一，其含义是____。

A. 计算机辅助制造　　B. 计算机辅助设计

C. 计算机辅助测试　　D. 计算机辅助教学

15. 门禁系统的指纹识别功能所运用的计算机技术是____。

A. 机器翻译　　B. 自然语言理解　　C. 过程控制　　D. 模式识别

16. 淘宝网的网上购物属于计算机现代应用领域中的____。

A. 计算机辅助系统　　B. 电子政务　　C. 电子商务　　D. 办公自动化

17. 第一代计算机的主要应用领域是____。

A. 数据处理　　B. 科学计算

C. 实时控制　　D. 计算机辅助设计

18. 现在的网上银行系统在计算机应用上属于____。

A. 过程控制　　B. 文件处理　　C. 数据处理　　D. 人工智能

19. 在计算机术语中，英文 CAI 是指____。

A. 计算机辅助制造　　B. 计算机辅助设计

C. 计算机辅助测试　　D. 计算机辅助教学

20. 计算机在实现工业自动化方面的应用主要属于____。

A. 数据处理　　B. 科学计算　　C. 计算机辅助设计　　D. 实时控制

21. 人工智能是让计算机能模仿人的一部分智能。下列____不属于计算机技术在人工智能领域中的应用。

A. 机器人　　B. 银行信用卡　　C. 人机对奕　　D. 机械手

22. CAD 软件可用来绘制____图。

A. 机械设计　　B. 建筑设计　　C. 服装设计　　D. 以上都对

23. 按照计算机应用分类，12306 火车票网络购票系统应属于____。

A. 数据处理　　B. 动画设计　　C. 科学计算　　D. 实时控制

24. 按计算机应用的类型分类，余额宝属于____。

A. 过程控制　　B. 办公自动化　　C. 数据处理　　D. 计算机辅助设计

25. 使用百度在网络上搜索资料，在计算机应用领域中属于____。

A. 数据处理　　B. 科学计算　　C. 过程控制　　D. 计算机辅助测试

26. 使用计算机解决科学研究与工程计算中的数学问题属于____。

A. 科学计算　　B. 计算机辅助制造　　C. 过程控制　　D. 娱乐休闲

27. 以下描述错误的是____。

A. 计算机的字长即为一个字节的长度

B. 一个常用汉字占用两个字节

C. 计算机文件是用二进制存储

D. 计算机内部存储的信息都是由 0、1 这两个数字组成的

28. 微型机的中央处理器主要集成了____。

A. 控制器和 CPU　　B. 控制器和存储器

C. 运算器和 CPU　　D. 运算器和控制器

29. 计算机中使用的双核处理器，双内核的主要作用是____。

A. 加快了处理多媒体数据的速度

B. 处理信息的能力和单核相比，加快了一倍

C. 加快了处理多任务的速度

D. 加快了从硬盘读取数据的速度

30. 在微型计算机性能的衡量指标中，____用以衡量计算机的稳定性和质量。

A. 可用性　　B. 兼容性

C. 平均无障碍工作时间　　D. 性能价格比

31. “64 位微型机”中的“64”是指____。

A. 微型机型号　　B. 字长　　C. 内存容量　　D. 显示器规格

32. 所谓的“第五代计算机”是指_____。

A. 多媒体计算机　　B. 神经网络计算机

C. 人工智能计算机　　D. 生物细胞计算机

33. 计算机由五大部件组成，它们是____。

A. CPU、控制器、存储器、输入设备、输出设备

B. 控制器、运算器、存储器、输入设备、输出设备

C. CPU、运算器、主存储器、输入设备、输出设备

D. CPU、控制器、运算器、主存储器、输入/输出设备

34. 电子计算机的性能可以用很多指标来衡量，主要指标有运算速度、字长和_____。

A. 主存储器容量的大小　　B. 硬盘容量的大小

C. 显示器的尺寸　　D. 计算机的制造成本

35. 计算机系统由____组成。

A. 主机和系统软件　　B. 硬件系统和软件系统

C. CPU、存储器和 I/O 设备　　D. 微处理器和软件系统

36. 运算器的主要功能是____。

A. 进行算术运算　　B. 进行逻辑运算

C. 分析指令并进行译码　　D. 实现算术运算和逻辑运算

37. 下列等式中，错误的是____。

A. 1 KB=1024 B　　B. 1 MB=1024 B　　C. 1 GB=1024 MB　　D. 1 MB=1024 KB

38. 下列存储器中，能够直接和 CPU 交换信息的是____。

A. U 盘　　B. 硬盘存储器　　C. 内存储器　　D. CD-ROM

39. 在外部设备中，手写笔属于____。

A. 输入设备　　B. 输出设备　　C. 特殊设备　　D. 存储设备

40. 将计算机硬盘上的数据传送到内存中的操作称为____。

A. 读盘　　B. 写盘　　C. 输入　　D. 显示

41. 微型计算机中，外存储器比内存储器____。

A. 读写速度快　　B. 存储容量大

C. 单位价格贵　　D. 以上三种说法都对

42. 将二进制数10000001B转换为十进制数应该是____。
A. 126　B. 127　C. 128　D. 129

43. 下面的数值中，可能是二进制数的是____。
A. 1011　B. 120　C. 58　D. 11A

44. 位是计算机中表示信息的最小单位，则计算机中1KB表示的二进制位数是____。
A. 1000　B. 8×1000　C. 1024　D. 8×1024

45. 下列不同进制的4个数中，最大的一个数是____。
A. 1010011B　B. 1110011B　C. 512D　D. 1FFH

46. 与十六进制数（2AH）等值的十进制数是____。
A. 20　B. 42　C. 34　D. 40

47. 在计算机内部，机器码的形式是____。
A. ASCII码　B. BCD码　C. 二进制　D. 十六进制

48. 已知字母“A”的ASCII码是41H，则字母“D”的ASCII码是____。
A. 44　B. 44H　C. 45　D. 45H

49. 通常在微型计算机内部，汉字“安徽”一词占____字节。
A. 2　B. 4　C. 3　D. 1

50. ASCII码是指____。
A. 国际标准信息交换码　B. 欧洲标准信息交换码
C. 中国国家标准信息交换码　D. 美国标准信息交换码

51. 以下对微机汉字系统描述中正确的是_____。
A. 汉字内码与所用的输入法有关
B. 汉字的内码与字形有关
C. 在同一操作系统中，采用的汉字内码是统一的
D. 汉字的内码与汉字字号大小有关

52. 在16×16点阵字库中，存储一个汉字的字模信息需用的字节数是_____。
A. 8　B. 24　C. 32　D. 48

53. 在通常的微型计算机的汉字系统中，一个汉字的内码占_____字节。
A. 1　B. 2　C. 3　D. 4

54. 全角状态下，一个英文字符在屏幕上的宽度是____。
A. 1个ASCII字符　B. 2个ASCII字符　C. 3个ASCII字符　D. 4个ASCII字符

55. 标准ASCII编码在机器中的表示方法准确的描述应是____。
A. 使用8位二进制代码，最右边一位为1　B. 使用8位二进制代码，最左边一位为0
C. 使用8位二进制代码，最右边一位为0　D. 使用8位二进制代码，最左边一位为1

56. 五笔字型码输入法属于____。
A. 音码输入法　B. 形码输入法　C. 音形结合的输入法　D. 联想输入法

57. 在ASCII码表中，按照ASCII码值从小到大排列顺序是____。
A. 数字、英文大写字母、英文小写字母　B. 数字、英文小写字母、英文大写字母
C. 英文大写字母、英文小写字母、数字　D. 英文小写字母、英文大写字母、数字

58. 在微机上用汉语拼音输入“中国”二字，输入“zhongguo”8个字符。那么，“中国”这两个汉字的内码占用的字节数是____。
A. 2　B. 4　C. 8　D. 16

59. 计算机中使用的 ASCII 码是对____的编码。

A. 英文字母　　B. 英文字母和数字

C. 英文字符集　　D. 英文字符和中文字符

60. 一个汉字的国标码和它的机内码之间的差是____。

A. 1010H　　B. 2020H　　C. 4040H　　D. 8080H

61. 在屏幕上显示一个汉字时，计算机系统使用的输出码为汉字的____。

A. 机内码　　B. 国标码　　C. 字形码　　D. 输入码

62. 计算机中存储数据的最小单位是____。

A. 位　　B. 字节　　C. 字　　D. 字长

63. 使用搜狗输入法进行汉字“安徽”的录入时，我们在键盘上按下的按键“anhui”属于汉字的____。

A. 输入码　　B. 机内码　　C. 国标码　　D. ASCII 码

64. 微型计算机在使用中如果断电，_____中的数据会丢失。

A. ROM　　B. RAM　　C. 硬盘　　D. 光盘

65. 在微机中，内存的容量通常是指_____。

A. RAM 的容量　　B. ROM 的容量

C. RAM 和 ROM 的容量之和　　D. CD-ROM 的容量

66. 微型计算机中的内存储器所用材料通常为_____。

A. 光介质　　B. 磁介质　　C. Flash　　D. 半导体

67. 微型计算机中的外存储器，可以与____直接进行数据传送。

A. 运算器　　B. 控制器　　C. 内存储器　　D. 微处理器

68. 某一台微型计算机的硬盘容量为 500 G，指的是____。

A. 500 G 位　　B. 500 G 字节　　C. 500 G 字　　D. 50 000 K 字

69. 在微机内存储器中，其内容由生产厂家事先写好的，并且一般不能改变的是____存储器。

A. SDRAM　　B. DRAM　　C. ROM　　D. SRAM

70. 关于随机存储器（RAM）功能的叙述，____是正确的。

A. 只能读，不能写　　B. 断电后信息不消失

C. 读写速度比硬盘慢　　D. 作为内存能直接与 CPU 交换信息

71. 在计算机中，高速缓存（Cache）的作用是____。

A. 提高 CPU 访问内存的速度　　B. 提高外存与内存的读写速度

C. 提高 CPU 内部的读写速度　　D. 提高计算机对外设的读写速度

72. 计算机程序必须在____中才能运行。

A. 内存　　B. 软盘　　C. 硬盘　　D. 网络

73. 计算机是通过____来访问存储单元的。

A. 文件　　B. 操作系统　　C. 硬盘　　D. 地址

74. 在计算机中，要处理磁盘上的文件，应先把文件读到____。

A. 显示器　　B. 寄存器　　C. 控制器　　D. 内存

75. 衡量内存的性能有多个技术指标，但不包括____。

A. 容量的大小　　B. 存取时间的长短　　C. 接口类型　　D. 运算速度

76. 现在一般的微机内部有二级缓存（Cache），其中一级缓存位于____内。

A. CPU　　B. 内存　　C. 主板　　D. 硬盘

77. 下列 4 条叙述中，正确的一条是____。
A. 为协调 CPU 与 RAM 间速度差，在 CPU 芯片中集成了高速缓存
B. PC 在使用过程中突然断电，SRAM 中存储的信息不会丢失
C. PC 在使用过程中突然断电，DRAM 中存储的信息不会丢失
D. CPU 可以直接处理外存储器中的信息
78. 微型计算机中的内存储器是按____进行编址的。
A. 二进制　B. 字节　C. 字　D. 位
79. 计算机内存容量大小由____决定。
A. 地址总线　B. 控制总线　C. 串行总线　D. 数据总线
80. 字长是 CPU 技术性能的主要指标之一，它表示____。
A. CPU 一次能处理的二进制数据的位数　B. 计算结果的有效数字长度
C. 最大有效数字位数　D. 最长的十进制整数的位数
81. 内存中的每个基本单元都有一个唯一的序号，我们称此序号为这个内存单元的____。
A. 字节　B. 号码　C. 地址　D. 容量
82. 下列关于 USB 接口的叙述，正确的是____。
A. 从外观上看，USB 连接器与 PC 并行口连接器差不多
B. USB 接口 2.0 版的数据传输速度肯定要比 1.1 版快一倍
C. USB 能够通过其连接器引脚向外设供电
D. USB 采用并行方式进行数据传输，以提高数据的传输速度
83. 下列说法中错误的是____。
A. CD-ROM 是一种只读存储器，但不是内存储器
B. CD-ROM 驱动器是多媒体计算机的基本部分
C. 只有存放在 CD-ROM 盘上的数据才称为多媒体信息
D. CD-ROM 盘上能够存储大约 650 兆字节的信息
84. 下列诸多因素中，对微机工作影响程度相对最小的是____。
A. 温度　B. 湿度　C. 噪声　D. 磁场
85. 以下是 CD-ROM 同硬盘的比较，正确的是____。
A. CD-ROM 同硬盘一样可以作为计算机的启动系统盘
B. 硬盘的容量一般都比 CD-ROM 容量小
C. 硬盘同 CD-ROM 都能被 CPU 正常地读写
D. 硬盘中保存的数一定比 CD-ROM 稳定
86. U 盘“写保护”的含义是：对 U 盘进行写保护后，该 U 盘____。
A. 确保写入数据时不出错　B. 只能进行读操作，不能进行写操作
C. 写操作时保证不被损坏　D. 只能进行写操作，不能进行读操作
87. CD-ROM 是一种光盘存储器，其特点是____。
A. 可以读出，也可以写入　B. 只能写入
C. 易失性　D. 只能读出，不能写入
88. 新硬盘在使用前，首先应经过以下几步处理：低级格式化、____。
A. 磁盘拷贝、硬盘分区　B. 硬盘分区、磁盘拷贝
C. 硬盘分区、高级格式化　D. 磁盘清理

89. 当一个 U 盘被格式化后____。

A. 保存的所有数据均不存在　　B. 有部分数据不存在

C. 所有簇均不能使用　　D. 保存的所有数据均存在

90. 可以多次写入信息的光盘是____。

A. CD-ROM　　B. CD-R　　C. CD-RW　　D. DVD-ROM

91. 移动硬盘是一种____存储器。

A. 只能读不能写的　　B. 可正常读写的便携式

C. 通过 IDE 总线与主板相连的　　D. 在 Windows 98 系统下可即插即用的

92. 日常使用的 MP3 播放器采用的存储器是____。

A. 数据既能读出，又能写入，所以是 RAM

B. 数据在断电的情况下不丢失，所以是磁性存储器

C. 静态 RAM，稳定性好，速度快

D. 闪存，可更新信息，断电后信息不丢失

93. 下列操作中，对硬盘寿命有影响的是____。

A. 在硬盘上建立目录　　B. 对硬盘进行分区

C. 高级格式化　　D. 低级格式化

94. 微型机中，硬盘分区的目的是____。

A. 将一个物理硬盘分为几个逻辑硬盘　　B. 将一个逻辑硬盘分为几个物理硬盘

C. 将 DOS 系统分为几个部分　　D. 一个物理硬盘分成几个物理硬盘

95. 硬盘按柱面、盘面和____来组织存储。

A. 簇　　B. 坐标　　C. 同心圆　　D. 方向

96. 下列关于外存储器的描述，错误的是____。

A. 外存储器中信息 CPU 不能直接访问，必须读到内存才能使用

B. 外存储器既是输入设备，又是输出设备

C. 外存储器中存储的信息和内存一样，在断电后也会丢失

D. 簇是磁盘访问的最小单位

97. 下列有关存储器读写速度排列正确的是____。

A. RAM>Cache>硬盘　　B. Cache>RAM>硬盘

C. Cache>硬盘>RAM　　D. RAM>硬盘>Cache

98. 在计算机中，采用虚拟存储器的目的是____。

A. 提高主存储器的速度　　B. 扩大外存储器的容量

C. 扩大内存储器的寻址空间　　D. 提高外存储器的速度

99. 微型机中，硬盘工作时，应注意避免____。

A. 噪声　　B. 潮湿　　C. 强烈震动　　D. 光线直射

100. 在计算机上通过键盘输入一段文章时，该段文章首先存放在主机的____中，如果希望将这段文章长期保存，应以____形式存储于____中。

A. 内存、文件、外存　　B. 外存、数据、内存

C. 内存、字符、外存　　D. 键盘、文字、打印机

101. 在关于微机系统的下列术语中，属于显示器主要性能指标的是____。

A. 容量　　B. 品牌　　C. 分辨率　　D. 采样率

102. 微机显示器一般有两组引线，分别是____。

A. 电源线与信号线　B. 电源线与控制线

C. 地址线与信号线　D. 控制线与地址线

103. 显示器的显示效果主要与____性能有关。

A. 显卡　B. 中央处理器　C. 内存　D. 主板插槽

104. 假设显示器目前的分辨率为 1024×768 像素，每个像素点用 24 位真彩色显示，其显示一幅图像所需容量是____个字节。

A. 1024×768×24　B. 1024×768×3　C. 1024×768×2　D. 1024×768

105. 显示器的分辨率一般用____表示。

A. 能显示多少个字符　B. 能显示的信息量

C. 横向点数×纵向点数　D. 能显示的颜色数

106. 下面关于计算机外设的叙述中，错误的是____。

A. 视频摄像头只能是输入设备　B. 扫描仪是输入设备

C. 打印机是输出设备　D. 激光打印机属于击打式打印机

107. 下列各组设备中，完全属于外围设备的一组是____。

A. 内存储器、硬盘和打印机　B. CPU、U 盘和 RAM

C. CPU、显示器和键盘　D. 硬盘、U 盘、键盘

108. 下列关于液晶显示器的叙述，错误的是____。

A. 它工作电压低、功耗小　B. 它几乎没有辐射

C. 它的英文缩写是 LCD　D. 它与 CRT 显示器不同，不需要显卡

109. 喷墨打印机属于____。

A. 击打式打印机　B. 非击打式打印机　C. 针式打印机　D. 点阵打印机

110. 下列属于计算机输入设备的是____。

A. 显示器　B. 扫描仪　C. 绘图仪　D. 打印机

111. 下面关于显示器的 4 条叙述中，有错误的一条是____。

A. 显示器的分辨率与微处理器的型号有关

B. 显示器的分辨率为 1 024×768，屏幕每行有 1 024 个点，每列有 768 个点

C. 显卡是驱动控制显示器以显示文本、图形、图像信息的硬件

D. 像素是显示屏上能独立赋予颜色和亮度的最小单位

112. 微机与打印机连接时，打印机的信号电缆线____。

A. 只能连接在并行接口上　B. 连接在串行接口上

C. 连接在扩展 I/O 接口上　D. 连接在并行接口或 USB 接口上

113. 微型计算机最基本的输入/输出设备是____。

A. 显示器和打印机　B. 鼠标和扫描仪

C. 键盘和显示器　D. 键盘和数字化仪

114. 在下列微机硬件中，既可作为输出设备，又可作为输入设备的是____。

A. 绘图仪　B. 扫描仪　C. 手写笔　D. 磁盘驱动器

115. 激光打印机属于____。

A. 非击打式打印机　B. 点阵式打印机　C. 击打式打印机　D. 针式打印机

116. 屏幕保护程序的最主要功能是____。

A. 节省电能　B. 延长显示器寿命　C. 保护 CPU　D. 保护主板

117. 假如安装的是第一台打印机，那么它被指定为____打印机。

A. 普通　　B. 默认　　C. 网络　　D. 本地

118. 能连接到网络的微型计算机必须安装有____硬件。

A. 显卡　　B. 读卡器　　C. 网卡　　D. 打印机

119. 下述有关液晶显示器的叙述中，正确的是____。

A. 功耗高　　B. 辐射大　　C. 厚度薄　　D. 画面抖动厉害

120. 相较于激光打印机，针式打印机具有的优点是____。

A. 耗材便宜　　B. 噪声小　　C. 打印速度快　　D. 使用方便

121. 在微型机中，一般有 IDE、SCSI、并口和 USB 等 I/O 接口，I/O 接口位于____。

A. CPU 和 I/O 设备之间　　B. 内存和 I/O 设备之间

C. 主机和总线之间　　D. CPU 和主存储器之间

122. 在微型机中，主板上有若干个如 PCI、AGP 等扩展槽，其作用是____。

A. 连接外设接口卡　　B. 连接 CPU 和存储器

C. 连接主机和总线　　D. 连接存储器和电源

123. 对微机正确的操作方法是____。

A. 不要带电插拔各类接口卡　　B. 可以带电插拔接口卡

C. 可以带电接入外设　　D. 可以带电卸下外设

124. 计算机系统层次结构中，最底层的是____。

A. 机器硬件　　B. 操作系统　　C. 应用软件　　D. 用户

125. 关于计算机 CMOS 的叙述中，正确的是____。

A. 一旦计算机断电，则 CMOS 的信息丢失

B. CMOS 中的参数一旦设置好，以后就无法改变

C. 即使计算机断电，CMOS 中的参数也不会改变

D. 不能通过 CMOS 中的参数设置来改变计算机的启动次序

126. 总线是硬件各部分实现相互连接、传递信息的连接线路，下列____不是计算机的总线标准。

A. USB　　B. PCI　　C. ISA　　D. ISO9002

127. 在计算机市场上，特别是家用计算机，为降低价格，较多地使用了集成显卡，则集成显卡是指____。

A. 显卡就是一个集成电路芯片　　B. 显卡是和显示器制造成一体的

C. 显卡是与主板制造在一起的　　D. 显卡是与 CPU 制造在一起的

128. 在计算机市场上，特别是商用计算机，为提高显示质量及速度，较多地使用了独立显卡，则独立显卡是指____。

A. 显卡相对于存储器是独立的　　B. 显卡相对于显示器是独立的

C. 显卡相对于 CPU 是独立的　　D. 显卡相对于主板是独立的

129. 在计算机中，设置 CMOS 的目的是____。

A. 改变操作系统　　B. 清除病毒

C. 更改和保存机器参数　　D. 安装硬件设备

130. 在计算机中，外设与 CPU____。

A. 直接相连　　B. 经过接口相连

C. 无连接标准　　D. 在生产时集成在一起

131. 微型计算机中使用的三类总线，不包括____。

A. 数据总线　B. 控制总线　C. 地址总线　D. 传输总线

132. 计算机死机通常是指____。

A. 计算机不运行状态　B. 计算机运行不正常状态

C. 计算机读数状态　D. 计算机自检状态

133. 一条指令的执行通常可分为取指、译码和____三个阶段。

A. 编译　B. 解释　C. 执行　D. 调试

134. 下列关于计算机使用的叙述中，错误的是____。

A. 计算机不要长期闲置不用，以避免受潮损坏硬件

B. 为了延长计算机的寿命，应避免频繁开关机

C. 计算机在工作时应避免强烈震动

D. 计算机使用 1 ~ 2 小时后，应关机一会再启动

135. 通常一条计算机指令用来____。

A. 规定计算机完成一系列既定任务　B. 规定计算机执行一个基本操作

C. 执行一个系统工程　D. 执行一个软件

136. 键盘上的数字、英文字母、标点符号、空格等键统称为____。

A. 控制键　B. 功能键　C. 运算键　D. 字符键

137. 微机键盘上的【Insert】键称为____。

A. 插入/改写转换键　B. 上档键　C. 退格键　D. 交替换档键

138. 微机键盘上的【PgUp】键称为____。

A. 退格键　B. 浏览网页键　C. 向上翻页键　D. 大写字母锁定键

139. 全角英文字符与半角英文字符在输出时____不同。

A. 字号　B. 字体　C. 宽度　D. 高度

140. 要想提高利用键盘进行打字的速度，用户应当学会____。

A. 看着键盘击打键盘　B. 拼音输入法

C. 触觉击键（盲打）　D. 使用专业打字键盘

141. 在练习盲打时，左右手食指的基准键位分别是____。

A. 【G】和【H】　B. 【V】和【N】　C. 【C】和【M】　D. 【F】和【J】

142. 键盘上的 CapsLock 灯亮表示是____。

A. 当前可以输入小写字母　B. 当前可以输入大写字母

C. 当前可以输入数字　D. 当前可以输入中文

143. 微型计算机键盘上的 NumLock 键称为____。

A. 控制键　B. 上挡键　C. 数字锁定键　D. 交替换挡键

144. 微型计算机键盘上的【Tab】键是____。

A. 退格键　B. 控制键　C. 交替换挡键　D. 制表定位键

145. 一条计算机指令可分为两部分，操作码指出执行什么操作，____指出需要操作的数据或数据的地址。

A. 源地址码　B. 操作数　C. 目标码　D. 数据码

146. 关于软件的概念，下列____是正确的。

A. 软件就是程序　B. 软件就是说明

C. 软件就是指令　D. 软件是程序、数据及相关文档的集合

147. 通常所说的共享软件是指____。

A. 盗版软件

B. 一个人购买的商业软件，大家都可以借来使用

C. 在试用基础上提供的一种商业软件

D. 不受版权保护的公用软件

148. 通常来说，计算机中的文件是不能存储在____。

A. 内存中　B. 硬盘上　C. 软盘/CD-ROM上　D. U盘上

149. 下面两个都属于系统软件的是____。

A. Windows 和 Excel　B. Windows 和 Word　C. Windows 和 Linux　D. Word 和 Excel

150. 微机启动时，首先同用户打交道的软件是____，在它的帮助下才得以方便、有效地调用系统各种资源。

A. 操作系统　B. Word 字处理软件　C. 语言处理程序　D. 实用程序

151. 下列系统软件与应用软件的安装与运行说法中，正确的是____。

A. 首先安装哪一个无所谓

B. 两者同时安装

C. 必须先安装应用软件，后安装并运行系统软件

D. 必须先安装系统软件，后安装应用软件

152. 在比较两个同类型文件大小时，从____中不能直接判断。

A. 打开过程的用时长短　B. 所占存储字节数

C. 文件的建立时间　D. 复制操作用时的长短

153. ____是联想公司的创始人，他对中国IT行业的发展作出了卓越的贡献。

A. 马化腾　B. 张朝阳　C. 马云　D. 柳传志

154. 关于程序和软件，下列说法正确的是____。

A. 程序仅指软件　B. 软件包括程序　C. 程序包括软件　D. 软件仅指程序

155. 下列关于系统软件的4条叙述中，正确的是____。

A. 系统软件主要为提高系统的性能等，与具体的硬件有关

B. 系统软件与具体的硬件无关

C. 系统软件是在应用软件基础上开发的，所以它依赖应用软件

D. 系统软件就是操作系统

156. 计算机的驱动程序是属于下列____类软件。

A. 应用软件　B. 图像软件　C. 系统软件　D. 文字处理软件

157. 下列叙述中，正确的说法是____。

A. 编译程序、解释程序和汇编程序不是系统软件

B. 故障诊断程序、人事管理系统属于应用软件

C. 操作系统、财务管理程序都不是应用软件

D. 操作系统和各种程序设计语言的处理程序都是系统软件

158. 计算机程序主要由算法和数据结构组成。计算机中对解决问题的有穷操作步骤的描述被称为____，它直接影响程序的优劣。

A. 算法　B. 数据结构　C. 算法与数据结构　D. 程序

159. 下列选项中，不属于数据库管理系统的____。

A. Access　B. Excel　C. MySQL　D. SQL Server

160. 下列选项中，不属于操作系统的是____。

A. Linux　B. UNIX　C. Windows 7　D. QQ

161. 以下操作系统中，不是多任务操作系统的是____。

A. MS-DOS　B. Windows XP　C. Windows 7　D. Linux

162. 操作系统为用户提供了操作界面，其主要功能是____。

A. 用户可以直接进行网络通信

B. 用户可以进行各种多媒体对象的欣赏

C. 用户可以直接进行程序设计、调试和运行

D. 用户可以用某种方式和命令启动、控制和操作计算机

163. 下列 4 种操作系统，以“及时响应外部事件”（如炉温控制、导弹发射等）为主要目标的是____。

A. 批处理操作系统　B. 分时操作系统　C. 实时操作系统　D. 网络操作系统

164. 在分时操作中，操作系统可以控制____按时间片轮流分配给多个进程执行。

A. 控制器　B. 运算器　C. 存储器　D. CPU

165. 在操作系统中，关于文件的存储，下面说法正确的是____。

A. 一个文件必须存储在磁盘上一片连续的区域中

B. 一个文件可以存储在磁盘不同的磁道及扇区中

C. 磁盘整理一定能将文件连续存放

D. 文件的连续存放与否与文件的类型有关

166. 下列计算机使用错误的是____。

A. 开机前查看稳压器输出电压是否正常（220V）　B. 硬盘中的重要数据文件要及时备份

C. 计算机加电后，可以随便搬动机器　D. 关机时应先关主机，再关外围设备

167. 计算机操作系统的功能是____。

A. 编译代码

B. 汽车设计

C. 管理计算机资源，控制程序执行，方便用户使用计算机

D. 完成计算机硬件与软件之间的转换

168. 计算机操作系统协调和管理计算机软硬件资源，同时还是____之间的接口。

A. 主机和外设　B. 用户和计算机

C. 系统软件和应用软件　D. 高级语言和计算机语言

169. 在下列叙述中，正确的是____。

A. 所有类型的程序设计语言及其编写的程序均可以直接运行

B. 程序设计语言及其编写的程序必须在操作系统支持下运行

C. 操作系统必须在程序设计语言的支持下运行

D. 程序设计语言都是由英文字母组成的

170. 以下使用计算机的不良习惯是____。

A. 将用户文件建立在所用系统软件的子目录内

B. 对重要的数据常作备份

C. 关机前退出所有应用程序

D. 使用标准的文件扩展名

171. 操作系统中“文件管理”的功能较多，最主要功能是____。

A. 实现对文件的内容管理　B. 实现对文件的属性管理

C. 实现对文件输入输出管理　D. 实现对文件的按名存取

172. 下列软件中，不属于系统软件的是____。

A. IOS　B. 安卓系统　C. QQ　D. Windows

173. 某程序段内存在条件 P，当 P 为真时执行 A 模块，否则执行 B 模块。该程序片段是结构化程序设计基本结构中的____。

A. 连续结构　B. 选择结构　C. 循环结构　D. 顺序结构

174. 下列对高级语言程序的叙述中，正确的是____。

A. 机器语言属于高级语言　B. 高级语言源程序可以被计算机直接执行

C. C 语言属于高级语言　D. 机器语言与机器硬件是无关的

175. 下列属于计算机低级语言的是____。

A. Java　B. C 语言　C. VB　D. 汇编语言

176. 在计算机的数据库管理系统中，DBMS 英文缩写是指____。

A. 数据库　B. 数据库系统

C. 数据库管理系统　D. 数据

177. 将高级语言的源程序变为目标程序要经过____。

A. 调试　B. 汇编　C. 编辑　D. 编译

178. 数据库系统的数据模型有三种，下列____不是数据库系统采用的数据模型。

A. 网状模型　B. 层次模型　C. 总线模型　D. 关系模型

179. 计算机能直接识别和执行的语言是____。

A. 机器语言　B. 高级语言　C. 数据库语言　D. 汇编程序

180. 在关系数据库中，实体集合可看成一张二维表，则实体的属性是____。

A. 二维表　B. 二维表的行

C. 二维表的列　D. 二维表中的一个数据项

二、多项选择题

1. 下列属于计算机外围设备的有____。

A. U 盘　B. 扫描仪　C. 移动硬盘　D. RAM

2. 一台多媒体计算机，除了包含常规输入输出设备外，一般还包括____设备。

A. 光盘驱动器　B. 碎纸机　C. 声卡　D. 音箱

3. 计算机不能正常启动，则可能的原因有____。

A. 电源故障　B. 操作系统故障　C. 主板故障　D. 内存条故障

4. 多媒体信息包括____。

A. 光盘、声卡　B. 音频、视频　C. 影像、动画　D. 文字、图形

5. 在下列关于计算机软件系统组成的叙述中，错误的有____。

A. 软件系统由程序和数据组成　B. 软件系统由软件工具和应用程序组成

C. 软件系统由软件工具和测试软件组成　D. 软件系统由系统软件和应用软件组成

6. 在下列有关计算机操作系统的叙述中，正确的有____。

A. 操作系统属于系统软件

B. 操作系统只负责管理内存储器，而不管理外存储器
C. UNIX 是一种操作系统
D. 计算机的处理器、内存等硬件资源也由操作系统管理
7. 激光打印机的特点有____。
A. 速度快　B. 噪声大　C. 分辨率高　D. 采用击打式
8. 下列关于微型机中汉字编码的叙述，____是正确的。
A. 五笔字型编码是汉字输入码
B. 汉字库中寻找汉字字模时采用输入码
C. 汉字字形码是汉字字库中存储的汉字字形的数字化信息
D. 存储或处理汉字时采用机内码
9. 下列汉字输入法中，有重码的输入法有____。
A. 微软拼音输入法　B. 区位码输入法
C. 智能 ABC 输入法　D. 五笔字型输入法
10. 下列存储器中，CPU 能直接访问的有____。
A. 内存储器　B. 硬盘存储器　C. Cache（高速缓存）　D. 光盘
11. 影响计算机速度的指标有____。
A. CPU 主频　B. 内存容量　C. 硬盘容量　D. 显示器分辨率
12. 以下属于系统软件的有____。
A. Linux　B. Windows 7　C. WPS Office　D. Office 2003
13. 表示计算机存储容量的单位有____。
A. 页　B. 千字节（KB）　C. 兆字节（MB）　D. 字节（B）
14. 以下属于计算机应用的有____。
A. 气象预报　B. 人口统计　C. 资料检索　D. 图像处理
15. 以下属于输入设备的是____。
A. 麦克风　B. 打印机　C. 条形码读入器　D. 触摸屏
16. 当前巨型机的主要应用领域有____。
A. 办公自动化　B. 核武器和反导弹武器设计
C. 空间技术　D. 辅助教学
17. 以下属于图形图像来源有效途径的有____。
A. 用软件创作　B. 用扫描仪扫描
C. 用数码照相机拍摄　D. 从屏幕、动画、视频中捕捉
18. 在计算机编程语言中，下列属于高级语言有____。
A. C　B. Pascal　C. C++　D. 机器语言
19. 微型机的各种功能中，____是操作系统的功能。
A. 文件管理
B. 对内存和外部设备管理
C. 充分利用 CPU 的处理能力，采用多用户和多任务方式
D. 处理输入和输出
20. 在利用计算机高级语言进行程序设计过程中，必不可少的步骤是____。
A. 编辑源程序　B. 程序排版
C. 编译或解释　D. 资料打印

21. 在计算机外存的磁盘中，影响磁盘容量的因素有____。
A. 磁盘中的盘面（磁头）数　B. 磁盘中每个盘面的磁道数
C. 磁盘的转速　D. 磁盘中每个磁道的扇区数
22. 启动计算机后，为避免损坏机器，下列做法错误的是____。
A. 带电插拔硬盘　B. 带电插拔 U 盘
C. 带电插拔 CPU　D. 带电插拔内存条
23. 计算机指令包括____两部分。
A. 操作码　B. 数据总线
C. 控制总线　D. 地址码或操作数
24. 以下属于输出设备的是____。
A. 鼠标　B. 显示器　C. 打印机　D. 扫描仪
25. 一个完整的计算机系统由____组成。
A. 硬件系统　B. C 语言　C. 软件系统　D. 鼠标
26. 计算机的 CPU 主要由____组成。
A. 内存储器　B. 运算器　C. 控制器　D. 显示器
27. 以下属于应用软件的有____。
A. 暴风影音　B. Windows 7　C. 360 杀毒软件　D. Office 2010
28. 系统总线按其传输信息的不同，可分为____。
A. 数据总线　B. 地址总线　C. 控制总线　D. I/O 总线
29. 外存与内存相比，其主要特点有____。
A. 存取速度快　B. 能长期保存信息
C. 能存储大量信息　D. 单位容量其价格便宜
30. 下述选项中，属于系统软件的是____。
A. Windows 7　B. 数据库管理系统　C. Office 2003　D. QQ

参考答案

一、单项选择题

1 ~ 5	6 ~ 10	11 ~ 15	16 ~ 20	21 ~ 25	26 ~ 30
BDCDD	BDDDB	DBDAD	CBCDD	BDACA	AADCC
31 ~ 35	36 ~ 40	41 ~ 45	46 ~ 50	51 ~ 55	56 ~ 60
BCBAB	DBCAA	BDADC	BCBBD	CCBBB	BABCD
61 ~ 65	66 ~ 70	71 ~ 75	76 ~ 80	81 ~ 85	86 ~ 90
CAABA	DCBCD	AADDD	AABAA	CCCCA	BDCAC
91 ~ 95	96 ~ 100	101 ~ 105	106 ~ 110	111 ~ 115	116 ~ 120
BDDAA	CBCCA	CAABC	DDDBB	ADCDA	BBCCA
121 ~ 125	126 ~ 130	131 ~ 135	136 ~ 140	141 ~ 145	146 ~ 150
AAAAC	DCDCB	DBCDB	DACCC	DBCDB	DCACA
151 ~ 155	156 ~ 160	161 ~ 165	166 ~ 170	171 ~ 175	176 ~ 180
DCDBA	CDABD	ADCDB	CCBBA	DCBCD	CDCAC

二、多项选择题

1	2	3	4	5	6
ABC	ACD	ABCD	BCD	ABC	ACD
7	8	9	10	11	12
AC	ACD	ACD	AC	ABC	AB
13	14	15	16	17	18
BCD	ABCD	ACD	BCD	ABCD	ABC
19	20	21	22	23	24
ABCD	ACD	ABD	ACD	AD	BC
25	26	27	28	29	30
AC	BC	ACD	ABC	BCD	AB

第2章 中文Windows 7操作系统

一、判断题

1. Windows 7 旗舰版支持的功能最多。 (　　)
2. 正版 Windows 7 操作系统不需要激活即可使用。 (　　)
3. Windows 7 家庭普通版支持的功能最少。 (　　)
4. 在 Windows 7 的各个版本中，支持的功能都一样。 (　　)
5. 要开启 Windows 7 的 Aero 效果，必须使用 Aero 主题。 (　　)
6. 在 Windows 7 中默认库被删除后可以通过恢复默认库进行恢复。 (　　)
7. 在 Windows 7 中默认库被删除了就无法恢复。 (　　)
8. 正版 Windows 7 操作系统不需要安装安全防护软件。 (　　)
9. 任何一台计算机都可以安装 Windows 7 操作系统。 (　　)
10. 安装安全防护软件有助于保护计算机不受病毒侵害。 (　　)

二、填空题

1. 在安装 Windows 7 的最低配置中，内存的基本要求是____GB 及以上。
2. Windows 7 有四个默认库，分别是视频、图片、____和音乐。
3. Windows 7 是由____公司开发，具有革命性变化的操作系统。
4. 要安装 Windows 7，系统磁盘分区必须为____格式。
5. 在 Windows 操作系统中，【Ctrl+C】是____命令的快捷键。
6. 在安装 Windows 7 的最低配置中，硬盘的基本要求是____GB 以上可用空间。
7. 在 Windows 操作系统中，【Ctrl+X】是____命令的快捷键。
8. 在 Windows 操作系统中，【Ctrl+V】是____命令的快捷键。

三、单项选择题

1. 实行____操作，可以把剪贴板上的信息粘贴到某个文档窗口的插入点处。
A. 按【Ctrl+C】组合键　　B. 按【Ctrl+V】组合键
C. 按【Ctrl+Z】组合键　　D. 按【Ctrl+X】组合键
2. 在 Windows 中，允许用户将对话框____。
A. 最小化　　B. 最大化　　C. 移动到其他位置　　D. 改变其大小

3. 在 Windows 中使用系统菜单时，只要移动鼠标指针到某个菜单项上单击，就可以选中该菜单项。如果某菜单项尾部出现____标记，则说明该菜单项还有下级子菜单。

A. 省略号（…） B. 向右箭头 C. 组合键 D. 括号

4. 在 Windows 的各项对话框中，在有些项目文字说明的左边标有一个小方框，当小方框里有“√”时，表示____。

A. 这是一个单选按钮，且已被选中 B. 这是一个单选按钮，且未被选中

C. 这是一个复选框，且已被选中 D. 这是一个多选按钮，且未被选中

5. 在桌面上任何一点右击，会弹出____。

A. 快捷菜单 B. 开始菜单 C. 主菜单 D. 窗口菜单

6. 在一般情况下，Windows 桌面的最下方是____。

A. 任务栏 B. 状态栏 C. 菜单栏 D. 标题栏

7. 关闭应用程序可以使用热键____。

A. Alt+F4 B. Ctrl+F4 C. Shift+F4 D. 空格键+F4

8. 从硬盘上彻底删除文件可以利用____。

A. 【Shift】键 B. 【Ctrl】键 C. 【Alt】键 D. 空格键

9. 关于“回收站”，叙述正确的是____。

A. 暂存所有被删除的对象 B. “回收站”中的内容不能恢复

C. 清空“回收站”后，仍可用命令方式恢复 D. “回收站”的内容不占硬盘空间

10. 在 Windows 中，可以同时打开多个文件管理窗口，用鼠标将一个文件从一个窗口拖到另一个窗口中，通常是用于完成文件的____。

A. 删除 B. 移动或复制 C. 修改或保存 D. 更新

11. 下列哪一个操作系统不是微软公司开发的操作系统？____

A. Windows Server 2003 B. Windows 7 C. Linux D. Vista

12. Windows 7 目前有几个版本？____

A. 3 B. 4 C. 5 D. 6

13. 在 Windows 7 的各个版本中，支持的功能最少的是____。

A. 家庭普通版 B. 家庭高级版 C. 专业版 D. 旗舰版

14. 在 Windows 7 操作系统中，将打开窗口拖动到屏幕顶端，窗口会____。

A. 关闭 B. 消失 C. 最大化 D. 最小化

15. 在 Windows 7 操作系统中，显示桌面的快捷键是____。

A. Win+D B. Win+P C. Win+Tab D. Alt+Tab

16. 在 Windows 7 操作系统中，打开外接显示设置窗口的快捷键是____。

A. Win+D B. Win+P C. Win+Tab D. Alt+Tab

17. 在 Windows 7 操作系统中，显示 3D 桌面效果的快捷键是____。

A. Win+D B. Win+P C. Win+Tab D. Alt+Tab

18. 安装 Windows 7 操作系统时，系统磁盘分区必须为____格式才能安装。

A. FAT B. FAT16 C. FAT32 D. NTFS

19. 文件的类型可以根据____来识别。

A. 文件的大小 B. 文件的用途 C. 文件的扩展名 D. 文件的存放位置

20. 为了保证 Windows 7 安装后能正常使用，采用的安装方法是____。

A. 升级安装 B. 覆盖安装 C. 全新安装 D. 卸载安装

四、多项选择题

1. 在 Windows 7 中个性化设置包括____。

A. 主题 B. 桌面背景 C. 窗口颜色 D. 声音

2. 在 Windows 7 中可以完成窗口切换的方法是____。

A. Alt+Tab B. Win+Tab

C. 单击要切换窗口的任何可见部位 D. 单击任务栏上要切换的应用程序按钮

3. 下列属于 Windows 7 控制面板中的设置项目的是____。

A. Windows Update B. 备份和还原 C. 恢复 D. 网络和共享中心

4. 在 Windows 7 中，窗口最大化的方法是____。

A. 单击最大化按钮 B. 单击还原按钮

C. 双击标题栏 D. 拖拽窗口到屏幕顶端

5. 使用 Windows 7 的备份功能所创建的系统镜像可以保存在____上。

A. 内存 B. 硬盘 C. 光盘 D. 网络

6. 在 Windows 7 操作系统中，属于默认库的有____。

A. 文档 B. 音乐 C. 图片 D. 视频

7. 以下网络位置中，可以在 Windows 7 里进行设置的是____。

A. 家庭网络 B. 小区网络 C. 工作网络 D. 公共网络

8. Windows 7 的特点是____。

A. 更易用 B. 更快速 C. 更简单 D. 更安全

9. 当 Windows 系统崩溃后，可以通过____来恢复。

A. 更新驱动 B. 使用之前创建的系统镜像

C. 使用安装光盘重新安装 D. 卸载程序

10. 下列属于 Windows 7 零售盒装产品的是____。

A. 家庭普通版 B. 家庭高级版 C. 专业版 D. 旗舰版

参考答案

一、判断题

1	2	3	4	5
√	×	√	×	√
6	7	8	9	10
√	×	×	×	√

二、填空题

1	2	3	4
1	文档	微软	NTFS
5	6	7	8
复制	16	剪切	粘贴

三、单项选择题

1	2	3	4	5
B	C	C	C	A
6	7	8	9	10
A	A	A	A	B
11	12	13	14	15
C	C	A	C	A
16	17	18	19	20
B	C	D	C	C

四、多项选择题

1	2	3	4	5
ABC	ACD	ABC	ACD	BC
6	7	8	9	10
ABC	AC	ABCD	BC	ABCD

第3章 Word 2010文字处理软件

一、判断题

1. 在打开的最近文档中，可以把常用文档进行固定而不被后续文档替换。（ ）

2. 在Word 2010中，通过“屏幕截图”功能，不但可以插入未最小化到任务栏的可视化窗口图片，还可以通过屏幕剪辑插入屏幕任何部分的图片。（ ）

3. 在Word 2010中可以插入表格，而且可以对表格进行绘制、擦除、合并和拆分单元格、插入和删除行列等操作。（ ）

4. 在Word 2010中，表格底纹设置只能设置整个表格底纹，不能对单个单元格进行底纹设置。（ ）

5. 在Word 2010中，只要插入的表格选取了一种表格样式，就不能更改表格样式和进行表格的修改。（ ）

6. 在Word 2010中，不但可以给文本选取各种样式，而且可以更改样式。（ ）

7. 在Word 2010中，“行和段落间距”或“段落”提供了单倍、多倍、固定值、多倍行距等行间距选择。（ ）

8. “自定义功能区”和“自定义快速工具栏”中其他工具的添加，可以通过“文件”→“选项”→“Word选项”进行添加设置。（ ）

9. 在Word 2010中，不能创建“书法字帖”文档类型。（ ）

10. 在Word 2010中，可以插入“页眉和页脚”，但不能插入“日期和时间”。（ ）

11. 在Word 2010中，能打开*.dos扩展名格式的文档，并可以进行格式转换和保存。（ ）

12. 在Word 2010中，通过“文件”按钮中的“打印”选项同样可以进行文档的页面设置。（ ）

13. 在Word 2010中，插入的艺术字只能选择文本的外观样式，不能进行艺术字颜色、效果等其他的设置。（ ）

14. 在Word 2010中，“文档视图”方式和“显示比例”除在“视图”等选项卡中设置外，还可以在状态栏右下角进行快速设置。（ ）

15. 在Word 2010中，不但能插入封面、脚注，而且可以制作文档目录。（ ）

16. 在Word 2010中，不但能插入内置公式，而且可以插入新公式并可通过“公式工具”功能区进行公式编辑。（ ）

二、填空题

1. 在Word 2010中，选定文本后，会显示出____工具栏，可以对字体进行快速设置。

2. 在 Word 2010 中，想对文档进行字数统计，可以通过____功能区来实现。

3. 在 Word 2010 中，给图片或图像插入题注是选择____功能区中的命令。

4. 在“插入”功能区的“符号”组中，可以插入____和“符号”、编号等。

5. 在 Word 2010 中的邮件合并，除需要主文档外，还需要已制作好的____支持。

6. 在 Word 2010 中插入了表格后，会出现“____”选项卡，对表格进行“设计”和“布局”的操作设置。

7. 在 Word 2010 中，进行各种文本、图形、公式、批注等搜索可以通过____来实现。

8. 在 Word 2010 的“开始”功能区的“样式”组中，可以将设置好的文本格式进行“将所选内容保存为____”的操作。

三、单项选择题

1. 如果用户想保存一个正在编辑的文档，但希望以不同文件名存储，可用____命令。

A. 保存　B. 另存为　C. 比较　D. 限制编辑

2. 下面有关 Word 2010 表格功能的说法不正确的是____。

A. 可以通过表格工具将表格转换成文本　B. 表格的单元格中可以插入表格

C. 表格中可以插入图片　D. 不能设置表格的边框线

3. 在 Word 2010 中，如果在输入的文字或标点下面出现红色波浪线，表示____，可用“审阅”功能区中的“拼写和语法”来检查。

A. 拼写和语法错误　B. 句法错误　C. 系统错误　D. 其他错误

4. 在 Word 2010 中，可以通过____功能区中的“翻译”对文档内容翻译成其他语言。

A. 开始　B. 页面布局　C. 引用　D. 审阅

5. 给每位家长发送一份《期末成绩通知单》，用____命令最简便。

A. 复制　B. 信封　C. 标签　D. 邮件合并

6. 在 Word 2010 中，可以通过____功能区对不同版本的文档进行比较和合并。

A. 页面布局　B. 引用　C. 审阅　D. 视图

7. 在 Word 2010 中，可以通过____功能区对所选内容添加批注。

A. 插入　B. 页面布局　C. 引用　D. 审阅

8. 在 Word 2010 中，默认保存后的文档格式扩展名为____。

A. *.dos　B. *.docx　C. *.html　D. *.txt

四、多项选择题

1. 在 Word 2010 中“审阅”功能区的“翻译”可以进行____操作。

A. 翻译文档　B. 翻译所选文字　C. 翻译屏幕提示　D. 翻译批注

2. 在 Word 2010 中插入艺术字后，通过绘图工具可以进行____操作。

A. 删除背景　B. 艺术字样式　C. 文本　D. 排列

3. 在 Word 2010 中，“文档视图”方式有哪些？____

A. 页面视图　B. 阅读版式视图　C. Web 版式视图

D. 大纲视图　E. 草稿

4. 插入图片后，可以通过出现的“图片工具”功能区对图片进行哪些操作进行美化设置____。

A. 删除背景　B. 艺术效果　C. 图片样式　D. 裁剪

5. 在Word 2010中，可以进行____插入元素。

A. 图片　　B. 剪贴画　　C. 形状

D. 屏幕截图　　E. 页眉和页脚　　F. 艺术字

6. 在Word 2010中，插入表格后可通过出现的“表格工具”选项卡中的“设计”“布局”可以进行哪些操作？____

A. 表格样式　　B. 边框和底纹

C. 删除和插入行列　　D. 表格内容的对齐方式

7. “开始”功能区的“字体”组可以对文本进行哪些操作设置？____

A. 字体　　B. 字号　　C. 消除格式　　D. 样式

8. 在Word 2010的“页面设置”中，可以设置的内容有____。

A. 打印份数　　B. 打印的页数　　C. 打印的纸张方向　　D. 页边距

参考答案

一、判断题

1	2	3	4
√	√	√	×
5	6	7	8
×	√	√	√
9	10	11	12
×	×	×	√
13	14	15	16
×	√	√	√

二、填空题

1	2	3	4
浮动	审阅	引用	公式
5	6	7	8
数据源	工具	导航	新快速样式

三、单项选择题

1	2	3	4
B	D	A	D
5	6	7	8
D	C	C	B

四、多项选择题

1	2	3	4
ABC	ABCD	ABCD	ABCD
5	6	7	8
ABCDEF	ABCD	ABC	CD

第4章

Excel 2010电子表格处理软件

一、判断题

1. 在 Excel 2010 中，可以更改工作表的名称和位置。（　）

2. 在 Excel 2010 中只能清除单元格中的内容，不能清除单元格中的格式。（　）

3. 在 Excel 2010 中，使用筛选功能只显示符合设定条件的数据而隐藏其他数据。（　）

4. Excel 2010 工作表的数量可根据工作需要作适当增加或减少，并可以进行重命名、设置标签颜色等相应的操作。

5. Excel 2010 可以通过 Excel 选项自定义功能区和自定义快速访问工具栏。（　）

6. Excel 2010 的“开始”→“保存并发送”，只能更改文件类型保存，不能将工作簿保存到 Web 或共享发布。（　）

7. 要将最近使用的工作簿固定到列表，可打开“最近所用文件”，单击相关工作簿右边对应的按钮即可。（　）

8. 在 Excel 2010 中，除在“视图”功能可以进行显示比例调整外，还可以在工作簿右下角的状态栏拖动缩放滑块进行快速设置。（　）

9. 在 Excel 2010 中，只能设置表格的边框，不能设置单元格边框。（　）

10. 在 Excel 2010 中套用表格格式后可在“表格样式选项”中选取“汇总行”显示出汇总行，但不能在汇总行中进行数据类别的选择和显示。（　）

11. Excel 2010 中不能进行超链接设置。（　）

12. Excel 2010 中只能用“套用表格格式”设置表格样式，不能设置单个单元格样式。（　）

13. 在 Excel 2010 中，除可创建空白工作簿外，还可以下载多种 office.com 中的模板。（　）

14. 在 Excel 2010 中，只要应用了一种表格格式，就不能对表格格式作更改和清除。（　）

15. 运用“条件格式”中的“项目选取规划”，可自动显示学生成绩中某列前 10 名内单元格的格式。（　）

16. 在 Excel 2010 中，后台“保存自动恢复信息的时间间隔”默认为 10 分钟。（　）

17. 在 Excel 2010 中，当我们插入图片、剪贴画、屏幕截图后，功能区选项卡就会出现“图片工具—格式”选项卡，打开图片工具功能区面板做相应的设置。（　）

18. 在 Excel 2010 中设置“页眉和页脚”，只能通过“插入”功能区来插入页眉和页脚，没有其他的操作方法。（　）

19. 在 Excel 2010 中只要运用了套用表格格式，就不能消除表格格式，把表格转为原始的普通表格。（　）

20. 在 Excel 2010 中只能插入和删除行、列，但不能插入和删除单元格。（　）

二、填空题

1. 在 Excel 2010 中，如果要将工作表冻结便于查看，可以用____功能区的“冻结窗格”来实现。

2. 在 Excel 2010 中新增“迷你图”功能，可选定数据在某单元格中插入迷你图，同时打开____功能区进行相应的设置。

3. 在 Excel 2010 中，如果要对某个工作表重新命名，可以用____功能区的“格式”来实现

4. 在 A1 单元格内输入“30001”，然后按下【Ctrl】键，拖动该单元格填充柄至 A8，则 A8 单元格中内容是____。

5. 一个工作簿包含多个工作表，缺省状态下有____个工作表，分别为 Sheet1、Sheet2、Sheet3。

6. Excel 2010 中，对输入的文字进行编辑是选择____功能区。

三、单项选择题

1. 在 Excel 2010 中，默认保存后的工作簿格式扩展名是____。

A. *.xlsx　　B. *.xls　　C. *.htm

2. 在 Excel 2010 中，可以通过____功能区对所选单元格进行数据筛选，筛选出符合你要求的数据。

A. 开始　　B. 插入　　C. 数据　　D. 审阅

3. 以下不属于 Excel 2010 中数字分类的是____。

A. 常规　　B. 货币　　C. 文本　　D. 条形码

4. Excel 中，打印工作簿时下面的哪个表述是错误的？____

A. 一次可以打印整个工作簿

B. 一次可以打印一个工作簿中的一个或多个工作表

C. 在一个工作表中可以只打印某一页

D. 不能只打印一个工作表中的一个区域位置

5. 在 Excel 2010 中要录入身份证号，数字分类应选择____格式。

A. 常规　　B. 数字（值）　　C. 科学计数

D. 文本　　E.特殊

6. 在 Excel 2010 中要想设置行高、列宽，应选用____功能区中的“格式”命令。

A. 开始　　B. 插入　　C. 页面布局　　D. 视图

7. 在 Excel 2010 中，在____功能区可进行工作簿视图方式的切换。

A. 开始　　B. 页面布局　　C. 审阅　　D. 视图

8. 在 Excel 2010 中套用表格格式后，会出现____功能区选项卡。

A. 图片工具　　B. 表格工具　　C. 绘图工具　　D. 其他工具

四、多项选择题

1. Excel 2010“文件”按钮中的“信息”有哪些内容？____

A. 权限　　B. 检查问题　　C. 管理版本　　D. 帮助

2. 在 Excel 2010 的打印设置中，可以设置打印的是____。

A. 打印活动工作表　　B. 打印整个工作簿　　C. 打印单元格　　D. 打印选定区域

3. 在 Excel 2010 中，工作簿视图方式有哪些？____

A. 普通　　B. 页面布局　　C. 分页预览

D. 自定义视图　　E.全屏显示

4. Excel 的三要素是____。

A. 工作簿　　B. 工作表　　C. 单元格　　D. 数字

5. Excel 2010 的“页面布局”功能区可以对页面进行____设置。

A. 页边距　　B. 纸张方向、大小　　C. 打印区域　　D. 打印标题

参考答案

一、判断题

1	2	3	4	5
√	×	√	√	√
6	7	8	9	10
×	√	√	×	×
11	12	13	14	15
×	×	√	×	√
16	17	18	19	20
√	√	×	×	×

二、填空题

1	2	3	4	5	6
视图	图表工具	开始	30008	3	开始

三、单项选择题

1	2	3	4
A	C	D	D
5	6	7	8
D	A	D	B

四、多项选择题

1	2	3	4	5
AC	ABD	ABCD	ABC	ABCD

第5章 PowerPoint 2010演示文稿制作软件

一、判断题

1. PowerPoint 2010 可以直接打开 PowerPoint 2003 制作的演示文稿。 (　　)

2. PowerPoint 2010 的功能区中的命令不能进行增加和删除。 (　　)

3. PowerPoint 2010 的功能区包括快速访问工具栏、选项卡和工具组。 (　　)

4. 在 PowerPoint 2010 审阅选项卡中可以进行拼写检查、语言翻译、中文简繁体转换等操作。 (　　)

5. 在 PowerPoint 2010 的中，“动画刷”工具可以快速设置相同动画。 (　　)

6. 在 PowerPoint 2010 的视图选项卡中，演示文稿视图有普通视图、幻灯片浏览、备注页和阅读视图 4 种模式。 (　　)

7. 在 PowerPoint 2010 的设计选项卡中可以进行幻灯片页面设置、主题模板的选择和设计。 (　　)

8. 在 PowerPoint 2010 中可以对插入的视频进行编辑。 (　　)

9. “删除背景”工具是 PowerPoint 2010 中新增的图片编辑功能。 (　　)

10. 在 PowerPoint 2010 中，可以将演示文稿保存为 Windows Media 视频格式。 (　　)

二、填空题

1. 要在 PowerPoint 2010 中设置幻灯片动画，应在____选项卡中进行操作。

2. 要在 PowerPoint 2010 中显示标尺、网络线、参考线，以及对幻灯片母版进行修改，应在____选项卡中进行操作。

3. 在 PowerPoint 2010 中要用到拼写检查、语言翻译、中文简繁体转换等功能时，应在____选项卡中进行操作。

4. 在 PowerPoint 2010 中对幻灯片进行页面设置时，应在____选项卡中操作。

5. 要在 PowerPoint 2010 中设置幻灯片的切换效果以及切换方式，应在____选项卡中进行操作。

6. 要在 PowerPoint 2010 中插入表格、图片、艺术字、视频、音频时，应在____选项卡中进行操作。

7. 在 PowerPoint 2010 中对幻灯片进行另存、新建、打印等操作时，应在____选项卡中进行操作。

8. 在 PowerPoint 2010 中对幻灯片放映条件进行设置时，应在____选项卡中进行操作。

三、单项选择题

1. PowerPoint 2010 演示文稿的扩展名是____。

A. .ppt　　B. .pptx　　C. .xslx　　D. .docx

2. 要进行幻灯片页面设置、主题选择，可以在____选项卡中操作。

A. 开始　　B. 插入　　C. 视图　　D. 设计

3. 要对幻灯片母版进行设计和修改时，应在____选项卡中操作。

A. 设计　　B. 审阅　　C. 插入　　D. 视图

4. 从当前幻灯片开始放映幻灯片的快捷键是____。

A. Shift + F　　B. Shift + F4　　C. Shift + F3　　D. Shift + F2

5. 从第一张幻灯片开始放映幻灯片的快捷键是____。

A. F2　　B. F3　　C. F4　　D. F5

6. 要设置幻灯片中对象的动画效果以及动画的出现方式时，应在____选项卡中操作。

A. 切换　　B. 动画　　C. 设计　　D. 审阅

7. 要设置幻灯片的切换效果以及切换方式时，应在____选项卡中操作。

A. 开始　　B. 设计　　C. 切换　　D. 动画

8. 要对幻灯片进行保存、打开、新建、打印等操作时，应在____选项卡中操作。

A. 文件　　B. 开始　　C. 设计　　D. 审阅

9. 要在幻灯片中插入表格、图片、艺术字、视频、音频等元素时，应在____选项卡中操作。

A. 文件　　B. 开始　　C. 插入　　D. 设计

10. 要让 PowerPoint 2010 制作的演示文稿在 PowerPoint 2003 中放映，必须将演示文稿的保存类型设置为____。

A. PowerPoint 演示文稿（*.pptx）　　B. PowerPoint 97-2003 演示文稿（*.ppt）

C. XPS 文档（*.xps）　　D. Windows Media 视频（*.wmv）

四、多项选择题

1. 在“幻灯片放映”选项卡中，可以进行的操作有____。

A. 选择幻灯片的放映方式　　B. 设置幻灯片的放映方式

C. 设置幻灯片放映时的分辨率　　D. 设置幻灯片的背景样式

2. 在进行幻灯片动画设置时，可以设置的动画类型有____。

A. 进入　　B. 强调　　C. 退出　　D. 动作路径

3. 在“切换”选项卡中，可以进行的操作有____。

A. 设置幻灯片的切换效果　　B. 设置幻灯片的换片方式

C. 设置幻灯片切换效果的持续时间　　D. 设置幻灯片的版式

4. 下列属于“设计”选项卡工具命令的是____。

A. 页面设置、幻灯片方向

B. 主题样式、主题颜色、主题字体、主题效果

C. 背景样式

D. 动画

5. 下列属于“插入”选项卡工具命令的是____。

A. 表格、公式、符号　　B. 图片、剪贴画、形状

C. 图表、文本框、艺术字　　D. 视频、音频

6. 下列属于“开始”选项卡工具命令的是____。

A. 粘贴、剪切、复制　　B. 新建幻灯片、设置幻灯片版式

C. 设置字体、段落格式　　D. 查找、替换、选择

7. PowerPoint 2010 的功能区由____组成。

A. 菜单栏　　B. 快速访问工具栏　　C. 选项卡　　D. 工具组

8. PowerPoint 2010 的优点有____。

A. 为演示文稿带来更多活力和视觉冲击　　B. 添加个性化视频体验

C. 使用美妙绝伦的图形创建高质量的演示文稿　　D. 用新的幻灯片切换和动画吸引访问群体

9. 在“视图”选项卡中，可以进行的操作有____。

A. 选择演示文稿视图的模式　　B. 更改母版视图的设计和版式

C. 显示标尺、网格线和参考线　　D. 设置显示比例

10. PowerPoint 2010 的操作界面由____组成。

A. 功能区　　B. 工作区　　C. 状态区　　D. 显示区

参考答案

一、判断题

1	2	3	4	5
√	×	√	√	√
6	7	8	9	10
√	√	√	√	√

二、填空题

1	2	3	4
动画	视图	审阅	设计
5	6	7	8
切换	插入	文件	幻灯片放映

三、单项选择题

1	2	3	4	5
B	D	D	A	D
6	7	8	9	10
B	C	A	C	B

四、多项选择题

1	2	3	4	5
ABC	ABCD	ABC	ABC	ABCD
6	7	8	9	10
ABCD	BCD	ABCD	ABCD	ABC

第6章 计算机多媒体技术

单项选择题

1. 在多媒体系统中，扩展名为.WAV 的文件类型是____。

A. 音频文件　B. 图像文件　C. 文本文件　D. 可执行文件

2. 如果想在网上观赏.rm 格式的电影，可使用____播放。

A. WinRAR　B. CD 唱机　C. 录音机　D. RealPlayer

3. 计算机中声卡的主要功能____。

A. 自动录音　B. 音频信号的输入输出　C. 播放 VCD　D. 放映电视

4. 多媒体 PC 是指____。

A. 能处理声音的计算机

B. 能处理图像的计算机

C. 能进行通信处理的计算机

D. 能进行文本、声音、图像等多媒体处理的计算机

5. ____不是多媒体技术的特征。

A. 集成性　B. 交互性　C. 艺术性　D. 实时性

6. 为减少多媒体数据所占存储空间，一般都采用____。

A. 存储缓冲技术　B. 数据压缩技术　C. 多通道技术　D. 流水线技术

7. 多媒体技术中，图形图像、视频及音频文件都有固定的格式，其中 JPG 格式的文件是____。

A. 图像文件　B. 语音文件　C. Word 文档　D. 视频文件

8. 下列各项中，____属于多媒体功能卡。

A. 网卡　B. IC 卡　C. 视频捕获卡　D. SCSI 卡

9. 目前为宽带用户提供稳定和流畅的视频播放效果所采用的主要技术是____。

A. 操作系统　B. 闪存技术　C. 流媒体技术　D. 光存储技术

10. 下列不属于多媒体播放工具的是____。

A. 暴风影音　B. WinRar

C. RealPlayer 实时播放器　D. Windows Media Player

11. 一个完整的多媒体计算机系统，应包含三个组成部分，它们是_____。

A. 多媒体硬件平台、多媒体软件平台和多媒体创作工具

B. 文字处理系统、声音处理系统和图像处理系统

C. 主机、声卡和图像卡

D. 微机系统、打印系统和扫描系统

12. 目前多媒体技术应用广泛，一般的卡拉 OK 厅普遍采用 VOD 系统，则 VOD 指的是____。
A. 图像格式　　B. 语音格式　　C. 总线标准　　D. 视频点播
13. 假设已正确安装了高质量的声卡及音响设备，但却始终听不到声音，其原因可能是____。
A. 音响设备没有打开　　B. 音量调节过低
C. 没有安装相应的驱动程序　　D. 以上都有可能
14. 通常所说的 RGB 颜色模型是____三色模型。
A. 绿、青、蓝　　B. 红、黄、蓝　　C. 红、绿、蓝　　D. 以上都不是
15. 在多媒体系统中，声音属于____。
A. 感觉媒体　　B. 存储媒体　　C. 传输媒体　　D. 表示媒体
16. 下列各项中，不属于多媒体硬件的是____。
A. 视频采集卡　　B. 声卡　　C. 网银 U 盾　　D. 光盘驱动器
17. 下述有关多媒体计算机的有关叙述正确的是____。
A. 多媒体计算机可以处理声音和文字，但不能处理动画和图像
B. 多媒体计算机系统包括硬件系统、网络操作系统和多媒体应用工具软件
C. 传输媒体主要包括键盘、显示器、鼠标、声卡和视频卡等
D. 多媒体技术具有数字化、集成性、交互性和实时性的特征
18. 下列选项中，属于音频文件格式的是____。
A. .MP3　　B. .DOC　　C. .BMP　　D. .JPEG
19. 下列选项中，属于视频文件格式的是____。
A. .MP4　　B. .JPEG　　C. .MP3　　D. .WMA
20. 以下不属于多媒体技术应用主要领域的是____。
A. 教育培训　　B. 虚拟现实　　C. 商业服务　　D. 火箭飞行控制

参考答案

单项选择题

1	2	3	4	5
A	D	B	D	C
6	7	8	9	10
B	A	C	C	B
11	12	13	14	15
A	D	D	C	A
16	17	18	19	20
C	D	A	A	D

第7章 计算机网络概述

一、判断题

1. 家庭上网只能通过 ADSL 拨号上网。（　）
2. 家庭上网可以通过 ADSL 拨号和光纤等形式上网。（　）
3. 上网冲浪只能通过 IE 浏览器。（　）
4. IE 浏览器是微软 Windows 操作系统的一个组成部分，它是独立的，但要收费。（　）
5. 上网冲浪可以根据个人的爱好使用不同的浏览器。（　）
6. 通过电话线拨号上网，需要配备调制解调器。（　）
7. 我们可以对收藏夹进行备份，当重装系统时可以利用备份文件恢复收藏夹。（　）
8. 拥有一个 QQ 号就有一个免费电子邮箱。（　）
9. 快速访问自己经常浏览的网站必须每次都要在浏览器地址栏输入网址。（　）
10. 因特网就是最大的广域网。（　）
11. 在电子邮件中，用户可以同时发送文本和多媒体信息。（　）
12. 城域网通常连接着多个局域网。（　）
13. JPG 格式的图片文件可以转换为 GIF 类型。（　）
14. 局域网的计算机不能上互联网。（　）
15. E-mail 邮件可以发送给网络上任一合法用户，但不能发送给自己。（　）
16. 如果电子邮件到达时，你的没有开机，那么电子邮件将退给发信人。（　）
17. 常见视频文件有 MPG、AVI、WMV、FLV…。（　）
18. 常见音频文件有 MP3、WMA、mid、WAV、AAC、AMR…。（　）
19. 我们可以从互联网上下载图片保存到自己的计算机。（　）
20. E-mail 邮件每次只能发给一个用户，不能同时发给多个用户。（　）

二、单项选择题

1. 用于学校教学的计算机网络教室，它的网络类型属于____。

A. 广域网　　B. 城域网　　C. 局域网　　D. 互联网

2. 一台计算机连入局域网后，下列描述错误的是____。

A. 可以获取网络中的其他计算机已授权的共享资源

B. 可以共享网络打印机

C. 不能限制其他计算机的共享访问
D. 可以为其他计算机提供共享资源
3. ____是通信双方为实现通信所作的约定或对话规则。
A. 通信机制　B. 通信协议　C. 通信法规　D. 通信章程
4. 计算机网络的目标是实现____。
A. 文件查询　B. 信息传输与数据处理
C. 数据处理　D. 信息传输与资源共享
5. 下面不是网络设备的有____。
A. 路由器　B. 打印机　C. 交换机　D. 防火墙
6. 下列选项中，对于一个电子邮箱地址书写正确的是____。
A. @263.net　B. 2008BJ@263.net　C. WWW.263.net　D. 2008BJ#263.net
7. 打开个人信箱后，如果要发送电子邮件给他人，要点击哪个功能菜单？____
A. 文件夹　B. 通讯录　C. 日程安排　D. 发邮件
8. 发送电子邮件时，在发邮件界面中，发送给一栏中，应该填写____。
A. 接收者名字　B. 接收者邮箱地址　C. 接收者 IP 地址　D. 接收者主页地址
9. 收发电子邮件，首先必须拥有____
A. 电子邮箱　B. 上网账号　C. 中文菜单　D. 个人主页
10. 若欲把雅虎（www.yahoo.com.cn）设为主页，应该如何操作？____
A. 在 IE 属性主页地址栏中键入：www.yahoo.com.cn
B. 在雅虎网站中申请
C. 在 IE 窗口中单击主页按钮
D. 将雅虎添加到收藏夹
11. 在 IE8.0 的地址栏中，应当输入____。
A. 要访问的计算机名　B. 需要访问的网址
C. 对方计算机的端口号　D. 对方计算机的属性
12. 下面不是上网方式的是____。
A. ADSL 拨号上网　B. 光纤上网　C. 无线上网　D. 传真
13. 家庭上网必需的网络设备是____。
A. 防火墙　B. 路由器　C. 交换机　D. 调制解调器
14. 要打开 IE 窗口，可以双击桌面上的哪个图标？____
A. Internet Explore　B. 网上邻居　C. Outlook Express　D. 计算机
15. ____不属于计算机网络的通信子网。
A. 路由器　B. 操作系统　C. 网关　D. 交换机
16. 下列关于网络特点的几个叙述中，错误的是____。
A. 网络中的数据可以共享
B. 网络中的外部设备可以共享
C. 网络中的所有计算机必须是同一品牌、同一型号
D. 网络方便了信息的传递和交换
17. 反映宽带通信网络网速的主要指标是____。
A. 带宽　B. 带通　C. 带阻　D. 宽带

18. 关于 TCP/IP 协议的描述中，错误的是____。

A. TCP/IP 协议有多层

B. TCP/IP 协议的中文名是“传输控制协议/互联协议”

C. TCP/IP 协议中只有两个协议

D. TCP/IP 协议是互联网的通信基础

19. 计算机网络中的服务器是指____。

A. 32 位总线的高档微机

B. 具有通信功能的 PII 微机或奔腾微机

C. 为网络提供资源，并对这些资源进行管理的计算机

D. 具有大容量硬盘的计算机

20. 在局域网中，各工作站计算机之间的信息____。

A. 可以任意复制　　B. 可以无条件共享

C. 不能进行复制　　D. 可以设置资源共享

21. 计算机网络中，用于请求网络服务的计算机一般被称为____。

A. 工作站　　B. 服务器　　C. 交换机　　D. 路由器

22. 计算机网络中，用于提供网络服务的计算机一般被称为____。

A. 服务器　　B. 移动 PC　　C. 工作站　　D. 工业 PC

23. 网络通信中，网速与____无关。

A. 网卡　　B. 运营商开放的带宽

C. 单位时间内访问量的大小　　D. 硬盘大小

24. 在计算机局域网中，以文件数据共享为目标，需要将多台计算机共享的文件存放于一台被称为____的计算机中。

A. 路由器　　B. 网桥　　C. 网关　　D. 文件服务器

25. 开放系统互联参考模型 OSI/RM 分为____层。

A. 4　　B. 6　　C. 7　　D. 8

26. 下列关于网络协议的叙述中，正确的是____。

A. 网络协议是网民签订的合同

B. 网络协议，简单地说就是为了网络信息传递，共同遵守的约定

C. TCP/IP 协议只能用于 Internet，不能用于局域网

D. 拨号网络对应的协议是 IPX/SPX

27. 计算机网络通信中使用____作为数据传输可靠性的评价指标。

A. 传输率　　B. 频带利用率　　C. 误码率　　D. 信息容量

28. 计算机通信就是将一台计算机产生的数字信号通过____传送给另一台计算机。

A. 数字信道　　B. 通信信道　　C. 模拟信道　　D. 传送信道

29. 下述选项中，属于计算机通信硬件的是____。

A. 显卡　　B. 路由器　　C. SD 卡　　D. 投影仪

30. 下述有关计算机网络的描述错误的是____。

A. 网络中的数据可以共享　　B. 网络中的硬件可以共享

C. 网络方便了人与人的沟通　　D. 网络中的电脑必须来自同一品牌

31. 网络按通信范围分为____。

A. 局域网、以太网、广域网　　B. 局域网、城域网、广域网

C. 电缆网、城域网、广域网 D. 中继网、局域网、广域网

32. 一般认为，当前的 Internet 起源于____。

A. Ethernet B. 美国的 ARPANET C. CDMA D. ADSL

33. 若想通过 ADSL 宽带上网，下列____不是必须的。

A. 网卡 B. 采集卡 C. 网线 D. 用户名和密码

34. 在下列网络接入方式中，不属于宽带接入的是____。

A. 普通电话线拨号接入 B. 城域网接入 C. LAN 接入 D. 光纤接入

35. 与广域网相比，局域网____。

A. 有效性好但可靠性差 B. 有效性差但可靠性好

C. 有效性好可靠性也好 D. 只能采用基带传输

36. 星形拓扑结构的优点是____。

A. 结构简单 B. 隔离容易 C. 线路利用率高 D. 主节点负担轻

37. 通常用一个交换机作为中央节点的网络拓扑结构是____。

A. 总线形 B. 环状 C. 星形 D. 层次型

38. 某网络中的各计算机的地位平等，没有主从之分，我们把这种网络称为____。

A. 互联网 B. 客户/服务器网络操作系统

C. 广域网 D. 对等网

39. 下面不属于局域网的硬件组成的是____。

A. 服务器 B. 工作站 C. 网卡 D. 调制解调器

40. Internet 属于____类型的网络。

A. 局域网 B. 城域网 C. 广域网 D. 企业网

41. 网络的____称为拓扑结构。

A. 接入的计算机多少 B. 物理连接的构型

C. 物理介质种类 D. 接入的计算机距离

42. 当网络中任何一个工作站发生故障时，都有可能导致整个网络停止工作，这种网络的拓扑结构为____结构。

A. 星形 B. 环形 C. 总线形 D. 树形

43. 因特网中的域名服务器系统负责全网 IP 地址的解析工作，它的好处是____。

A. IP 地址从 32 位的二进制地址缩减为 8 位的二进制地址

B. IP 协议再也不需要了

C. 用户只需要简单地记住一个网站域名，而不必记住 IP 地址

D. IP 地址再也不需要了

44. 在计算机网络术语中，WAN 表示____。

A. 局域网 B. 广域网 C. 有线网 D. 无线网

45. 以下网络传输介质中传输速率最高的是____。

A. 双绞线 B. 同轴电缆 C. 光纤 D. 电话线

46. 下列属于网络之间互连设备的是____。

A. 路由器 B. 声卡 C. 电话 D. 显卡

47. 下列关于使用拨号上网和 ADSL 宽带相比较的叙述，正确的是____。

A. 网速没有可比性 B. 两者网速相同

C. 拨号上网网速较快 D. ADSL 宽带网速较快

48. 通常说的百兆局域网的网络速度是____。

A. 100MB/s（B 代表字节） B. 100B/s（B 代表字节）

C. 100Mb/s（b 代表位） D. 100b/s（b 代表位）

49. 下列对局域网的描述错误的是____。

A. 局域网的计算机包括服务器和工作站 B. 局域网不能使用光纤

C. 一般校园网也属局域网 D. 局域网可以通过服务器和外围网络相联

50. 家庭计算机申请了账号并采用拨号方式接入 Internet 网后，该机____。

A. 拥有 Internet 服务商主机的 IP 地址 B. 拥有独立 IP 地址

C. 拥有固定的 IP 地址 D. 没有自己的 IP 地址

51. 下列对光纤的描述中，错误的是____。

A. 光纤分单模和多模两种 B. 在几种传输介质中，光纤的传输速度最快

C. 在几种传输介质中，光纤的传输距离最远 D. 光纤易受干扰，保密性差

52. 通过电话线把计算机接入网络，则需购置____。

A. 路由器 B. 声卡 C. 调制解调器 D. 集线器

53. 计算机上配置的网卡，实质上是____。

A. 一张卡片 B. 一种接口 C. 一根导线 D. 一张光盘

54. 在互联网主干中所采用的传输介质主要是____。

A. 双绞线 B. 同轴电缆 C. 无线电 D. 光纤

55. 调制解调器的作用是____。

A. 控制并协调计算机和电话网的连接 B. 负责接通与电信局线路的连接

C. 将模拟信号转换成数字信号 D. 实现模拟信号与数字信号相互转换

56. 局域网的硬件组成有____、用户工作站、网络设备、传输介质四部分。

A. 网络协议 B. 网络操作系统 C. 网络服务器 D. 路由器

57. 关于局域网的叙述，错误的是____。

A. 可安装多个服务器 B. 可共享打印机

C. 可共享服务器硬盘 D. 所有的共享数据都存放在服务器中

58. 下列有线传输介质中抗电磁干扰性能最好的是____。

A. 同轴电缆 B. 双绞线

C. 光纤 D. 以上 3 种抗干扰性能都类似

59. 某计算机的 IP 地址是 202.102.192.1，其属于____地址。

A. A 类 B. B 类 C. C 类 D. D 类

60. 传统的 IP 地址使用 IPv4，其 IP 地址的二进制位数是____。

A. 32 位 B. 24 位 C. 16 位 D. 8 位

61. Internet 的缺点是____。

A. 不能传输文件 B. 不够安全 C. 不能实现实时对话 D. 不能传输声音

62. 在局域网中，对于同一台计算机，每次启动时，通过自动分配的 IP 地址是____。

A. 固定的 B. 随机的

C. 和其他计算机相同的 D. 网卡设好的

63. URL 地址中的 HTTP 协议是指____，在其支持下，WWW 可以使用 HTML 语言。

A. 文件传输协议 B. 计算机域名

C. 超文本传输协议 D. 电子邮件协议

64. 以下四个 WWW 网址中，____不符合 WWW 网址书写规则。

A. www.163.com　　B. www.nk.cn.edu　　C. www.863.org.cn　　D. www.tj.net.jp

65. 目前 IP 地址一般分为 A、B、C 三类，其中 C 类地址的主机号占____二进制位，因此一个 C 类地址网段内最多只有 250 余台主机。

A. 16 个　　B. 8 个　　C. 4 个　　D. 24 个

66. 域名系统中的顶层域中组织性域名 COM 的意义是____。

A. 非盈利机构　　B. 教育类　　C. 国际机构　　D. 商业类

67. 下面 4 个 IP 地址中，合法的是____。

A. 311.311.311.311　　B. 9.23.01　　C. 1.2.3.4.5　　D. 211.211.211.211

68. 在 Internet 中，通过____将域名转换为 IP 地址。

A. Hub　　B. WWW　　C. BBS　　D. DNS

69. Internet 中，FTP 指的是____。

A. 用户数据协议　　B. 简单邮件传输协议

C. 超文本传输协议　　D. 文件传输协议

70. URL 的一般格式为____。

A. 协议://主机名/　　B. 协议://主机名/路径及文件名

C. 协议://文件名　　D. //主机名/路径及文件名

71. 使用 Windows 7 来连接 Internet，应使用的协议是____。

A. Microsoft　　B. IPX/SPX 兼容协议　　C. NetBEUI　　D. TCP/IP

72. 在域名系统中，顶级域名 edu 表示____机构。

A. 商业　　B. 政府　　C. 非赢利组织　　D. 教育

73. TCP/IP 是用于计算机通信的一组最基础和核心的协议，包括网络接口层、网络层、____和应用层 4 个层次。

A. 传输层　　B. 会话层　　C. 物理层　　D. 链路层

74. 下列域名中，表示政府机构的是____。

A. www.taobao.com　　B. www.ahedu.gov.cn　　C. www.zjupress.com　　D. www.12306.cn 2

75. 使用点分十进制表示 IP 地址时，每一个十进制数都要小于等于____。

A. 64　　B. 128　　C. 256　　D. 255

76. 域名 www.ahedu.gov.cn 中，代表国家区域名的是____。

A. www　　B. ahedu　　C. gov　　D. cn

77. ____是一种专门用于定位和访问 Web 网页信息，获取用户希望得到的资源的导航工具。

A. 搜索引擎　　B. IE　　C. QQ　　D. MSN

78. 下列不属于专用网络资源下载工具的是____。

A. 迅雷　　B. netants（网络蚂蚁）　　C. eMule（电驴）　　D. kv3000

79. 在 Internet 上，能让许多用户在一起交流信息的服务是____。

A. BBS　　B. WWW　　C. 索引服务　　D. 以上三者都不是

80. Internet Explorer 浏览器的主页设置在____。

A. “文件”菜单的“新建”命令中

B. “收藏”菜单的“添加收藏夹”命令中

C. “工具”菜单的“Internet 选项”命令中

D. “工具”菜单的“管理加载项”命令中

81. 用户在浏览网页时，有些是以醒目方式显示的单词、短语或图形，可以通过单击它们跳转到目的网页，这种文本组织方式叫做____。

A. 超文本方式　　B. 超链接　　C. 文本传输　　D. HTML

82. 在 Internet Explorer 浏览器中，“收藏夹”收藏的是该____。

A. 网站的地址　　B. 网站的内容　　C. 网页地址　　D. 网页内容

83. 关于 Internet Explorer 的说法错误的是____。

A. IE 浏览器是浏览网页的工具之一

B. 没有 IE 浏览器就不能上 Internet

C. IE 浏览器是微软公司的产品，随操作系统一起安装

D. IE 浏览器可以保存网页

84. 单击 IE 工具栏中“刷新”按钮，下面说法正确的是____。

A. 可以更新当前显示的网页　　B. 可以中止当前显示的网页，返回空白页面

C. 可以更新当前浏览器的设定　　D. 可以上传文件

85. 在公用的计算机中使用 IE 浏览器上网，应注意保护隐私，使用后及时删除的不包括____。

A. 历史记录　　B. Internet 临时文件　　C. Cookies　　D. IE 浏览器程序

86. Home Page（主页）的含义是____。

A. 比较重要的 Web 页面　　B. 传送电子邮件的界面

C. 网站的第一个页面　　D. 下载文件的网页

87. 使用 IE 的____菜单可以把自己喜欢的网址记录下来以便下次快速直接访问。

A. 状态栏　　B. 地址栏　　C. 导航条　　D. 收藏

88. 使用 Yahoo 搜索工具中，用“+”连接两个或更多的关键词，表示____。

A. 几个关键词连接成一个关键词　　B. 检索的内容包含这几个关键词中的一个

C. 检索的内容同时包含这几个关键词　　D. 表示加法运算

89. 关于 Intranet 的描述中，错误的是____。

A. Intranet 是利用 Internet 技术和设备建立的企业内部网

B. Intranet 就是 Internet 的前身

C. Intranet 使用的是 TCP/IP 协议

D. Intranet 也称“内联网”

90. 以下列举的关于 Internet 的各功能中，错误的是____。

A. 网页设计　　B. WWW 服务　　C. BBS　　D. FTP

91. 下列关于搜索引擎的叙述中，错误的是____。

A. 搜索引擎是一种程序

B. 搜索引擎能查找网址

C. 搜索引擎是用于网上信息查询的搜索工具

D. 搜索引擎所搜到的信息都是网上的实时信息

92. 在 Internet 上下载文件通常使用____功能。

A. E-mail　　B. FTP　　C. WWW　　D. TELNET

93. 在 Internet 的应用中，用户可以远程控制计算机即远程登录服务，它的英文名称是____。

A. DNS　　B. TELNET　　C. Internet　　D. SMPT

94. 下面关于使用 IE 上网的叙述，错误的是____。

A. 单击“后退”按钮可以返回前一页

B. 单击“刷新”按钮可以更新当前显示的网页

C. 单击“停止”按钮将关闭 IE 窗口

D. 单击“历史”按钮可以打开曾经访问过的网页

95. 关于 IE“主页”叙述正确的是____。

A. 主页是指只有在单击“主页”按钮时才打开的 Web 页

B. 主页是指浏览器启动时默认打开的 Web 页

C. 主页是 IE 浏览器出厂时设定的 Web 页

D. 主页即是微软公司的网站

96. 互联网上的应用服务通常都基于某一种协议，Web 服务基于____。

A. POP3 协议　　B. SMTP 协议　　C. HTTP 协议　　D. FTP 协议

97. 将远程服务器上的文件传输到本地计算机称作____。

A. 上传　　B. 下载　　C. 卸载　　D. 超载

98. 互联网提供的文件传输协议是____。

A. FTP　　B. SMTP　　C. BBS　　D. POP3

99. 收发电子邮件的必备条件是____。

A. 通信双方都要申请一个付费的电子信箱　　B. 通信双方电子信箱必须在同一服务器上

C. 电子邮件必须带有附件　　D. 通信双方都有电子信箱

100. 下列说法中，____是正确的。

A. 目前电子邮件与普通邮件传送方式一样　　B. 电子邮件的保密性没有普通邮件高

C. 电子邮件发送过程中不会出现丢失情况　　D. 正常情况下电子邮件比普通邮件快

101. 电子邮件标识中带有一个“别针”，表示该邮件____。

A. 设有优先级　　B. 带有标记　　C. 带有附件　　D. 可以转发

102. 常用的电子邮件协议 POP3 是指____。

A. 就是 TCP/IP 协议　　B. 中国邮政的服务产品

C. 通过访问 ISP 发送邮件　　D. 通过访问 ISP 接受邮件

103. E-mail 邮件的本质是____。

A. 文件　　B. 传真　　C. 电话　　D. 电报

104. 合法的电子邮件地址是____。

A. 用户名#主机域名　　B. 用户名+主机域名

C. 用户名@主机域名　　D. 用户地址@主机名

105. 当我们收发电子邮件时，由于____原因，可能会导致邮件无法发出。

A. 接收方计算机关闭　　B. 邮件正文是 Word 文档

C. 发送方的邮件服务器关闭　　D. 接收方计算机与邮件服务器不在一个子网

106. 当一封电子邮件发出后，收件人由于种种原因一直没有开机接收邮件，那么该邮件将____。

A. 退回　　B. 重新发送

C. 丢失　　D. 保存在 ISP 的 E-mail 服务器上

107. 以下关于电子邮件的发送，错误的是____。

A. 每次只能给一个用户发送邮件

B. 每次可以给一个或多个用户发送邮件

C. 电子邮件发送可以通过 Web 方式和客户端方式（如 Outlook）

D. 电子邮件可以附带文件一起发送

108. 下列关于电子邮件格式的描述错误的是____。

A. 可以没有内容　　B. 可以没有附件

C. 可以没有主题　　D. 可以没有收件人邮箱地址

109. 下列对电子邮箱的描述正确的是____。

A. 进入电子邮箱须输入用户名和密码　　B. 电子邮箱是建立在用户的计算机中

C. 所有电子邮箱都是免费申请的　　D. 电子邮箱必须针对某一固定计算机

110. 下列电子邮箱属于 Sohu 网站提供的是____。

A. anhuiks@163.com　　B. anhuiks@sohu.com

C. sohu@anhuiks.com　　D. 163@anhuiks.com

三、多项选择题

1. 在下列网络设备中，用于局域网连接的设备有____。

A. Modem　　B. 网卡　　C. Hub　　D. 交换机

2. FrontPage2003 中，可以在____对象上设置超链接。

A. 文本　　B. 按钮　　C. 图片　　D. 声音

3. 目前互联网接入方式有____。

A. ADSL 接入　　B. ISDN 接入　　C. 光纤接入　　D. 拨号接入

4. 一台计算机连入计算机网络后，该计算机____。

A. 运行速度会加快　　B. 可以共享网络中的资源

C. 可以与网络中的其他计算机传输文件　　D. 运行精度会提高

5. 在下列关于计算机网络协议的叙述中，错误的有____。

A. 计算机网络协议是各网络用户之间签订的法律文书

B. 计算机网络协议是上网人员的道德规范

C. 计算机网络协议是计算机信息传输的标准

D. 计算机网络协议是实现网络连接的软件总称

6. 在下列关于防火墙的叙述中，正确的有____。

A. 防火墙是硬件设备　　B. 防火墙将企业内部网与其他网络隔开

C. 防火墙禁止非法数据进入　　D. 防火墙增强了网络系统的安全性

7. 电子邮件服务器需要的两个协议是____。

A. POP3 协议　　B. SMTP 协议　　C. FTP 协议　　D. MAIL 协议

8. OSI 参考模型中的最低两层是____。

A. 数据链路层　　B. 物理层　　C. 网络层　　D. 传输层

9. 以下属于计算机网络应用的有____。

A. 电子银行　　B. 远程教育　　C. 文字处理　　D. 数据压缩

10. 计算机网络中常用的有线传输媒体有____。

A. 双绞线　　B. 同轴电缆　　C. 光纤　　D. 红外线

11. 用户对于收到的邮件可以进行的操作有____。

A. 保存　　B. 转发　　C. 删除　　D. 群发

12. 下列叙述中正确的是____。

A. Internet 上的域名由域名系统 DNS 统一管理

B. WWW 上的每一个网页都可以加入收藏夹

C. 每一个 E-mail 地址在 Internet 中是唯一的

D. 每一个 E-mail 地址中的用户名在该邮件服务器中是唯一的

13. 下列关于 E-mail 的叙述，正确的是____。

A. 一个 E-mail 可以同时发给多个收件人

B. E-mail 可以定义为密件发送

C. E-mail 只能发送文本文件

D. 不论收件人是否开机，E-mail 都会送入其电子邮箱

14. 在下列关于因特网域名内容的叙述中，错误的有_____。

A. CN 代表中国，COM 代表商业机构　B. CN 代表中国，EDU 代表科研机构

C. UK 代表中国，GOV 代表政府机构　D. UK 代表中国，AC 代表教育机构

15. 在因特网的 WWW 中，可以包含的内容有_____。

A. 文本　B. 声音　C. 图像　D. 动画

16. 在 Internet 中，（统一资源定位器）URL 组成部分包括____。

A. 协议　B. 路径及文件名　C. 网络名　D. IP 地址或域名

17. 常见网络的拓扑结构包括____。

A. 总线结构　B. 环形结构　C. 星形结构　D. 目录结构

18. 下列能申请免费电子邮箱的网站有（ ）

A. 新浪　B. 雅虎　C. 网易　D. 搜狐

19. 下列网址书写格式正确的是____

A. BB@com　B. www.bb.com　C. news.163.com　D. http://www.bb.com

20. 从地理范围划分标准可以把各种网络类型划分为____种。

A. 局域网　B. 广域网　C. 城域网　D. 校园网

参考答案

一、判断题

1	2	3	4	5
×	√	×	×	√
6	7	8	9	10
√	√	√	×	√
11	12	13	14	15
√	√	√	×	√
16	17	18	19	20
×	√	√	√	×

二、单项选择题

1 ~ 5	6 ~ 10	11 ~ 15	16 ~ 20	21 ~ 25	26 ~ 30
CCBDB	BDBAA	BDDAC	CACCD	AADDC	BCBBD
31 ~ 35	36 ~ 40	41 ~ 45	46 ~ 50	51 ~ 55	56 ~ 60
BBBAC	CCDDC	BBCBC	ADCBB	DCBDD	CDCCA
61 ~ 65	66 ~ 70	71 ~ 75	76 ~ 80	81 ~ 85	86 ~ 90
BBCBB	DDDDB	DDABD	DADAC	BCBAD	CDCBA
91 ~ 95	96 ~ 100	101 ~ 105	106 ~ 110		
DBBCB	CBADD	CDACC	DADAB		

三、多项选择题

1	2	3	4	5
BCD	ABC	ABCD	BC	ABD
6	7	8	9	10
BCD	AB	AB	AB	ABC
11	12	13	14	15
ABCD	ABCD	ABD	BCD	ABCD
16	17	18	19	20
ABD	ABC	ABCD	BCD	ABC

第8章 计算机安全技术应用

一、单项选择题

1. 防火墙软件一般用在____。

A. 工作站与工作站之间　　B. 服务器与服务器之间

C. 工作站与服务器之间　　D. 网络与网络之间

2. 关于计算机病毒的传播途径，错误的说法是____。

A. 使用来历不明的软件　　B. 通过电子邮件

C. 多U盘混合存放　　D. 通过网络传输

3. 文件型病毒传染的对象主要是____类文件。

A. DBF 和 DAT　　B. TXT 和 DOT　　C. COM 和 EXE　　D. EXE 和 BMP

4. 计算机病毒的特点主要表现在____。

A. 破坏性、隐蔽性、传染性和可读性　　B. 破坏性、隐蔽性、传染性和潜伏性

C. 破坏性、隐蔽性、潜伏性和应用性　　D. 应用性、隐蔽性、潜伏性和继承性

5. 计算机病毒可以使整个系统瘫痪，危害极大，计算机病毒是____。

A. 人为开发的程序　　B. 一种生物病毒　　C. 错误的程序　　D. 空气中的灰尘

6. 对计算机病毒的描述，正确的是____。

A. 具有破坏性的程序　　B. 计算机硬件故障　　C. 系统漏洞　　D. 黑客的非法破坏

7. 计算机安全中采用的用户身份验证技术主要有____、 基于智能卡验证和基于生物特征验证等。

A. 基于账号密码的验证　　B. 基于电子邮件的验证

C. 基于高级语言的验证　　D. 基于程序的验证

8. 引发数据安全问题的原因是多方面的，归纳起来主要有____两类。

A. 物理原因与人为原因　　B. 黑客与病毒

C. 系统漏洞与硬件故障　　D. 计算机犯罪与破坏

9. 当前____是病毒传播的最主要途径。

A. U 盘感染　　B. 盗版软件　　C. 网络　　D. 克隆系统

10. 防止U盘感染病毒的有效方法是____。

A. 删除U盘中的文件　　B. 保持U盘的清洁

C. 不要与有病毒的U盘放在一起　　D. 对U盘进行写保护

11. 计算机在正常操作情况下，以下____现象可以怀疑计算机已经感染了病毒。

A. COMMAND.COM 文件长度明显增加　　B. 打印机不能走纸

C. 硬盘转动时发出响声　　D. 显示器损坏

12. 为防止计算机病毒的传播，在读取外来U盘上的数据或软件时，____。

A. 一般先检查本机的硬盘有无计算机病毒，然后再读该U盘

B. 应把U盘加以写保护（只允许读，不允许写），然后再用

C. 一般先用查毒软件检查该U盘有无计算机病毒，然后再用

D. 一般不会传染病毒，所以不必做任何工作就可用

13. 当用各种清病毒软件都不能清除U盘上的病毒时，则应对此U盘____。

A. 丢弃不用　　B. 删除所有文件

C. 重新格式化　　D. 删除COMMAND.COM文件

14. 被称为网络上十大危险病毒之一"QQ大盗"，其属于____。

A. 文本文件　　B. 木马程序　　C. 下载工具　　D. 聊天工具

15. 下列软件中，不能用于检测和清除病毒的软件或程序是____。

A. 瑞星　　B. 卡巴斯基　　C. WinRAR　　D. 金山毒霸

16. 发现计算机感染病毒后，应该采取的做法是____。

A. 重新启动计算机并删除硬盘上的所有文件

B. 重新启动计算机并格式化硬盘

C. 用安全的系统光盘或U盘重新启动计算机后，用杀毒软件清除病毒

D. 立即向公安部门报告

17. 蠕虫病毒攻击网络的主要方式是____。

A. 修改网页　　B. 删除文件　　C. 造成拒绝服务　　D. 窃听密码

18. 下列比较著名的国产杀毒软件是____。

A. 诺顿　　B. 卡巴斯基　　C. 360杀毒　　D. 金山WPS

19. 木马病毒的主要危害是____。

A. 潜伏性　　B. 隐蔽性

C. 传染性　　D. 远端控制窃取信息及破坏系统

20. 在互联网中，____是常用于盗取用户账号的病毒。

A. 木马　　B. 蠕虫　　C. 灰鸽子　　D. 尼姆达

21. 下列关于计算机网络使用的几种认识中，违反我国《计算机信息网络国际互联网安全保护管理办法规定》的是____。

A. 不捏造事实，散布谣言　　B. 不侮辱他人诽谤他人

C. 不损害国家机关信誉　　D. 网络是自由的，可以随意地发布各类信息

22. 目前使用的防病毒软件的作用是____。

A. 查出任何已感染的病毒　　B. 查出并清除任何病毒

C. 清除已感染的任何病毒　　D. 查出已知名的病毒，清除部分病毒

23. 下面关于信息安全的一些叙述中，叙述不够严谨的是____。

A. 网络环境下信息系统的安全比独立的计算机系统要困难和复杂得多

B. 国家应确定计算机安全的方针、政策，制订计算机安全的法律

C. 应用身份验证、访问控制、加密、防病毒等有关技术，就能确保绝对安全

D. 软件安全核心是操作系统的安全性，涉及信息在存储和处理状态下的保护

24. 计算机病毒会造成____。

A. CPU的烧毁　　B. 磁盘驱动器的物理损坏

C. 程序和数据的破坏　　D. 磁盘存储区域的物理损伤

25. 以下设置密码的方式中，____更加安全。

A. 使用自己的生日作为密码

B. 密码全部由英文小写字母组成

C. 密码全部由数字组成

D. 密码由数字、字母、标点符号和控制字符组合构成

26. 不利于预防计算机感染病毒的是____。

A. 周期性检查　　B. 专机专用

C. 随意在网络下载软件和文件　　D. 数据分类管理

27. 下列选择中，____是计算机病毒的主要破坏对象。

A. 光盘　　B. 磁盘驱动器　　C. 中央处理器　　D. 程序和数据

28. “口令”是保证系统安全的一种简单有效的方法，一个比较安全的“口令”最好是____。

A. 用自己的姓名拼音　　B. 用有规律的单词

C. 混合使用字母和数字，且有足够的长度　　D. 电话号码

29. 目前电子商务应用范围广泛，电子商务的安全问题主要有____等。

A. 加密

B. 防火墙是否有效

C. 数据被泄露或篡改、冒名发送、未经授权擅自访问网络

D. 身份认证

30. 以下描述中，网络安全防范措施不恰当的是____。

A. 不随便打开未知的邮件　　B. 计算机不连接网络

C. 及时升级杀毒软件的病毒库　　D. 及时堵住操作系统的安全漏洞（打补丁）

31. 网络“黑客”是指____的人。

A. 总在夜晚上网

B. 在网上恶意进行远程系统攻击、盗取或破坏信息

C. 不花钱上网

D. 匿名上网

32. 为了保证内部网络的安全，下面的做法中无效的是____。

A. 制定安全管理制度　　B. 在内部网与因特网之间加防火墙

C. 给使用人员设定不同的权限　　D. 购买高性能计算机

33. 由于硬件故障、系统故障，文件系统可能遭到破坏，所以需要对文件进行____。

A. 备份　　B. 海量存储　　C. 增量存储　　D. 加密

34. 下列选项中，____不是有效的信息安全控制方法。

A. 口令　　B. 用户权限设置

C. 限制对计算机的物理接触　　D. 数据加密

35. 下列现象中，肯定不属于计算机病毒的危害是____。

A. 影响程序的执行，破坏用户程序和数据　　B. 损坏人体健康

C. 影响计算机的运行速度　　D. 影响外部设备的正常使用

36. 为了保证系统在受到破坏后能尽可能地恢复，应该采取的做法是____。

A. 定期做数据备份　　B. 多安装一些硬盘

C. 在机房内安装 UPS　　D. 准备两套系统软件及应用软件

37. 为了数据安全，一般为网络服务器配备的 UPS 是指____。

A. 大容量硬盘　　B. 大容量内存　　C. 不间断电源　　D. 多核 CPU

38. 在计算机病毒中，有一种病毒能自动复制传播，并导致整个网络运行速度变慢，也可以在计算机系统内部复制从而消耗计算机内存，其名称是____。

A. 木马　　B. 灰鸽子　　C. 蠕虫　　D. CIH

39. 数字签名是解决____问题的方法。

A. 未经授权擅自访问网络　　B. 数据被泄露或篡改

C. 冒名发送数据或发送数据后抵赖　　D. 以上 3 种都是

40. 所谓信息系统安全是对____进行保护。

A. 计算机信息系统中的硬件、操作系统和数据　　B. 计算机信息系统中的硬件、软件和数据

C. 计算机信息系统中的硬件、软件和用户信息　　D. 计算机信息系统中的主机、软件和数据

二、多项选择题

1. 在下列计算机异常情况的叙述中，可能是病毒造成的有____。

A. 硬盘上存储的文件无故丢失　　B. 可执行文件长度变大

C. 文件（夹）的属性无故被设置为“隐藏”　　D. 磁盘存储空间陡然变小

2. 在下列关于特洛伊木马病毒的叙述中，正确的有____。

A. 木马病毒能够盗取用户信息　　B. 木马病毒伪装成合法软件进行传播

C. 木马病毒运行时会在任务栏产生一个图标　　D. 木马病毒不会自动运行

3. 在下列方法中，能减少计算机病毒危害的方法有____。

A. 安装防病毒软件　　B. 随时升级最新版本的杀毒软件

C. 不使用来历不明的软件　　D. 为了复制文件，而不将 U 盘写保护

4. 在下列关于计算机病毒的叙述中，正确的有____。

A. 反病毒软件通常滞后于新病毒的出现

B. 反病毒软件总是超前于病毒的出现，它可以查、杀任何种类的病毒

C. 感染过病毒的计算机具有对该病毒的免疫性

D. 计算机病毒不会危害计算机用户的健康

5. 计算机病毒可以通过____传播。

A. U 盘　　B. 计算机网络　　C. 手机　　D. 身体接触

参考答案

一、单项选择题

1 ~ 5	6 ~ 10	11 ~ 15	16 ~ 20
DCCBA	AAACD	ACCBC	CCCDA
21 ~ 25	26 ~ 30	31 ~ 35	36 ~ 40
DDCCD	CDCCB	BDACB	ACCDB

二、多项选择题

1	2	3	4	5
ABCD	AB	ABC	AD	ABC

附录A

全国高等学校（安徽考区）计算机水平考试

《计算机应用基础》教学（考试）大纲

一、课程基本情况

课程名称：计算机应用基础
课程代号：111
参考学时：64学时（理论32学时，上机实验32学时）
考试安排：每年两次考试，一般安排在学期期末
考试方式：机试
考试时间：90分钟
考试成绩：机试成绩
机试环境：Windows 7+Office 2010

设置目的：随着知识经济和信息社会的快速发展，计算机技术已成为核心的信息技术，掌握和使用计算机已成为人们日常工作和生活的基本技能。《计算机应用基础》是高等院校计算机系列课程中的第一门必修公共基础课程，学习该课程的主要目的是使学生掌握计算机基础知识、基本操作及常用应用软件的使用，培养学生的信息素养和基本操作技能，具备利用计算机处理实际应用问题的能力，为后续课程的学习及日常应用奠定良好的基础。

二、课程内容与考核目标

第1章　计算机基础知识

（一）课程内容

信息技术的基本概念，计算机的基本概念，计算机系统基本结构及工作原理，计算机中的信息表示，计算机硬件与软件系统，计算机传统应用及现代应用。

（二）考核知识点

计算机的特点、分类和发展，计算机系统基本结构及工作原理，微型计算机系统的硬件组成及各部分的功能、性能指标，计算机信息编码、数制及其转换，计算机硬件系统，计算机系统软件、应用软件、程序设计语言与语言处理程序，计算机传统应用及现代应用，常用应用软件。

（三）考核目标

了解：信息技术的基本概念，计算机的特征、分类和发展，物联网及其应用，云计算、大数据和计算思维，计算机发展简史、特点及应用领域、性能指标，计算机应用知识（电子商务的基本知识、电子政务的基本知识），常用应用软件。

理解：计算机软件系统（系统软件、应用软件、程序设计语言、语言处理程序）。

掌握：字符的表示（ASCII 码及汉字编码），计算机系统的硬件组成及各部分功能，微型计算机系统。

应用：计算机开、关机操作及中英文输入。

（四）实践环节

1. 类型

验证。

2. 目的与要求

掌握计算机的开、关机操作，熟悉计算机键盘按键功能、分布及操作指法，熟练应用键盘进行中、英文录入。

第 2 章　Windows 操作系统

（一）课程内容

操作系统的基本概念，Windows 的基本概念，Windows 的基本操作，文件管理，管理与控制 Windows，多媒体及多媒体计算机。

（二）考核知识点

操作系统的定义、功能、分类及常用操作系统，Windows 操作系统的特点与功能，Windows 的桌面、“开始”菜单、任务栏、窗口、对话框和控件、快捷方式，计算机、资源管理器的使用，鼠标的基本操作，文件及文件夹的概念及基本操作，文件属性设置及磁盘管理，剪贴板、回收站及其应用，Windows 环境设置和系统配置（用控制面板设置显示器和鼠标、添加硬件、添加或删除程序、网络设置等），常用附件的使用，常用音频、图像、视频文件及有关处理技术。

（三）考核目标

了解：操作系统、文件、文件夹、多媒体等有关概念，Windows 操作系统的特点及启动、退出方法，附件的使用。

理解：“开始”菜单、剪贴板、窗口、对话框和控件、快捷方式的作用，回收站及其应用。

掌握：资源管理器的使用，文件、文件夹的操作，控制面板的使用。

应用：利用资源管理器完成系统的软、硬件管理，利用控制面板添加硬件、添加或删除程序、进行网络设置等。

（四）实践环节

1. 类型

验证、设计。

2. 目的与要求

掌握文件及文件夹的基本操作、显示属性的设置、磁盘清理等系统工具的使用方法，掌握使用资源管理器进行系统管理的方法，正确使用控制面板进行个性化工作环境设置。

第3章 文字处理软件Word

（一）课程内容

Word软件的概念，文字编辑，文字格式，段落格式，数学公式，文本框，图片格式，表格编辑，页面设置，文档输出。

（二）考核知识点

Word的启动和退出，窗体组成、窗体中的菜单及按钮工具的使用，视图的类型，文档的保存、打开，文档内容的编辑，文字的选择，剪贴板的使用，复制、粘贴、移动、查找、替换（内容、格式），超链接设置，文字格式设置、文字修饰效果、格式刷，底纹、边框修饰设置，段落的间距、格式设置，段落的对齐方式，标尺的使用，分栏和首字下沉，数学公式的使用，文本框的编辑与设置，图片的插入、删除与格式设置，表格编辑、格式设置，单元格格式设置，页面设置，文档的打印输出。

（三）考核目标

了解：页面设置、模板、分隔符，样式。

理解：Word窗体组成，视频及菜单、按钮的使用，文档打开、保存、关闭，数学公式，文本框，图片的插入、删除及格式设置。

掌握：文字的复制、粘贴、选择性粘贴、移动、查找、替换操作，页面设置，段落格式，分栏和首字下沉，文字格式设置、文字修饰效果、格式刷，底纹、边框修饰设置，图文混排，表格编辑、格式设置、单元格格式设置，文档的打印输出。

应用：使用文字处理软件创建文档，完成对文档的排版等处理。

（四）实践环节

1. 类型

验证、设计。

2. 目的与要求

掌握文档创建和保存的方法，掌握文档内容编辑及格式的设置方法，掌握表格创建及格式设置方法，掌握超链接的设置方法。

第4章 电子表格处理软件Excel

（一）课程内容

数据库的基本概念，Excel的基本概念，工作簿、工作表的管理，工作表数据编辑，单元格的格式设置，公式与函数，单元格的引用，数据清单，图表，页面设置，超级链接与数据交换。

（二）考核知识点

数据表、数据库、数据库管理系统、关系数据库，Excel功能、特点，工作簿、工作表、单元格的概念，工作簿的打开、保存及关闭，工作表的管理，工作表的编辑（各种数据类型的输入、编辑和显示），公式和函数的使用，运算符的种类，单元格的引用，批注的使用，单元格、行、列调整，单元格、行、列的插入和删除，行、列的隐藏、恢复和锁定，设置工作表中数据的格式和对齐方式、标题设置，底纹和边框的设置，格式、样式的使用，建立Excel数据库的数据清单、数据编辑，数据的排序和筛选，分类汇总及透视图，图表的建立与编辑、设置图表格式，工作表中插入图片和艺术字，页面设置，插入分页符，打印预览，打印工作边，超级链接与数据交换。

（三）考核目标

了解：数据表、数据库、数据库管理系统、关系数据库等基本概念，Excel的功能、特点。

理解：工作簿、工作表、单元格的概念，单元格的相对引用、绝对引用概念。

掌握：工作表和单元格中数据的输入与编辑方法，公式和函数的使用，单元格的基本格式设置，Excel数据库的建立、数据的排序和筛选、数据的分类汇总、图表的建立与编辑、图表的格式设置。

应用：使用表格处理软件实现办公事务中表格的电子化，通过Excel的数据管理功能实现单一表格的图形显示。

（四）实践环节

1. 类型

验证、设计。

2. 目的与要求

掌握工作表中数据、公式与函数的输入、编辑和修改，掌握工作表中数据的格式化设置，掌握数据库的有关操作，掌握图表的建立、编辑及格式化操作。

第5章 演 示 文 稿

（一）课程内容

演示文稿的概念，演示文稿的基本操作，演示文稿视图的使用，幻灯片的基本操作，幻灯片的基本制作，演示文稿主题选用与幻灯片背景设置，演示文稿放映设计，演示文稿的打包和打印。

（二）考核知识点

PowerPoint的功能、运行环境、启动和退出，演示文稿的基本操作，演示文稿的基本操作，演示文稿视图的使用，幻灯片的版式、插入、移动、复制和删除等操作，幻灯片的文本、图片、艺术字、形状、表格、超链接、多媒体对象等插入及其格式化，演示文稿主题选用与幻灯片背景设置，幻灯片的动画设计、放映方式、切换效果的设置，演示文稿的打包和打印。

（三）考核目标

了解：演示文稿的概念，PowerPoint的功能、运行环境。

理解：演示文稿视图，演示文稿主题、背景。

掌握：演示文稿的基本操作，幻灯片的基本操作，幻灯片的基本制作，演示文稿放映设计，演示文稿的打包和打印。

应用：使用演示文稿处理幻灯片，将幻灯片设计理念和图表设计技能应用到日常学习和生活中。

（四）实践环节

1. 类型

验证、设计。

2. 目的与要求

掌握创建演示文稿、编辑和修饰幻灯片的基本方法，掌握演示文稿动画的制作方法、幻灯片间切换效果的设置方法、超链接的制作方法，掌握演示文稿的放映设置。

第6章 计算机网络

（一）课程内容

计算机网络的基本概念，计算机网络的硬件组成，计算机网络的拓扑结构，计算机网络的分类，Internet 的基本概念，Internet 的连接方式，Internet 的简单应用，常用网页制作工具介绍。

（二）考核知识点

计算机网络的发展、定义、功能，计算机网络的硬件构成，资源子网与通信子网，计算机网络的拓扑结构、分类，局域网的组成与应用，因特网的定义，TCP/IP 协议、超文本及传输协议，IP 地址，域名，接入方式，IE 的使用、阅读与使用新闻组，电子邮件、文件传输和搜索引擎的使用，网页的构成与常用制作网页工具的基础知识。

（三）考核目标

了解：计算机网络的基本概念与硬件组成，因特网的基本概念、起源于发展，常用网页制作工具。

理解：计算机网络的拓扑结构，计算机网络的分类以及局域网的组成与应用，网页的构成。

掌握：Internet 的连接方式，浏览器的简单应用，电子邮件的管理。

应用：掌握网络设备的安装与配置，学会应用 Internet 提供的服务解决日常问题。

（四）实践环节

1. 类型

验证、设计。

2. 目的与要求

掌握建立网络连接的方法，掌握 IE 浏览器的使用及设置方法，掌握电子邮件的收发方法。

第7章 信 息 安 全

（一）课程内容

信息安全的概述，信息安全技术，计算机病毒与防治，职业道德及相关法规。

（二）考核知识点

信息安全的基本概念，信息安全隐患的种类，信息安全的措施，系统硬件和软件维护，Internet 的安全、黑客、防火墙，计算机病毒的概念、种类、危害、防治，计算机职业道德、行为规范和国家有关计算机安全法规。

（三）考核目标

了解：信息及信息安全的基本概念。

理解：信息安全隐患的种类，信息安全的措施，Internet 的安全，计算机职业道德、行为规范、国家有关计算机安全法规。

应用：使用常用杀毒软件进行计算机病毒防治，使用计算机系统工具处理系统的安全问题。

（四）实践环节

1. 类型

验证、设计。

2. 目的与要求

掌握一种防病毒软件的下载、安装、设置、运行、升级方法及防火墙安装方法，掌握使用系统工具进行信息安全处理的方法。

三、题型及样题

题型	题数	每题分值	总分值	题目说明
单项选择题	30	1	30	
多项选择题	5	2	10	
打字题	1	10	10	300字左右，考试时间15分钟
Windows 操作题	1	8	8	
Word 操作题	1	18	18	
Excel 操作题	1	14	14	
PowerPoint 操作题	1	10	10	

全国高等学校（安徽考区）计算机水平考试

样题（机试样题）

一、单项选择题（每题 1 分，共 30 分）

1. 现在我们经常听到关于 IT 行业的各种信息，那么这里所提到的“IT”指的是____。

A. 信息　　B. 信息技术　　C. 通信技术　　D. 感测技术

2. 邮局利用计算机对信件进行自动分拣的技术属于计算机应用中的____。

A. 机器翻译　　B. 自然语言理解　　C. 过程控制　　D. 模式识别

3. 下列关于物联网的描述中，错误的是____。

A. 物联网不是互联网概念、技术与应用的简单扩展

B. 物联网与互联网在基础设施上没有重合

C. 物联网的主要特征有全面感知、可靠传输、智能处理

D. 物联网的计算模式可以提高人类的生产力、效率、效益

4. 计算机之所以能实现自动工作，是由于计算机采用了____原理。

A. 布尔逻辑　　B. 程序存储与程序执行

C. 数字电路　　D. 集成电路

5. 以下数值中，可能是二进制数表达形式的____。

A. 1011　　B. 128　　C. 74　　D. 12A

6. 使用搜狗输入法进行汉字“安徽”的录入时，我们在键盘上按下的按键“anhui”属于汉字的 ____。

A. 输入码　　B. 机内码　　C. 国标码　　D. ASCII 码

7. 计算机硬件系统由 ____组成。

A. 主机和系统软件　　B. 硬件系统和软件系统

C. CPU、存储器和 I/O　　D. 微处理器和软件系统

8. 在微机的性能指标中，内存条的容量是指 ____。

A. RAM 的容量　　B. ROM 的容量

C. RAM 和 ROM 的容量之和　　D. CD-ROM 的容量

9. 以下关于 CD-ROM 同硬盘的比较，描述正确的是____。

A. CD-ROM 同硬盘一样可以作为计算机的启动系统盘

B. 硬盘的容量一般都比 CD-ROM 容量小

C. 硬盘同 CD-ROM 都能被 CPU 正常地读写

D. 硬盘中保存的数据或者信息比 CD-ROM 稳定

10. 假设显示器目前的分辨率为 1 024 × 768 像素，每个像素用 24 位真彩色显示，其显示一幅图像所需容量是____个字节。

A. 1024 × 768 × 24　　B. 1024 × 768 × 3

C. 1024 × 768 × 2　　D. 1024 × 768

11. 计算机里使用的集成显卡是指____。

A. 显卡与网卡制造成一体　　B. 显卡与主板制造成一体

C. 显卡与 CPU 制造成一体　　D. 显卡与声卡制造成一体

12. 目前多媒体关键技术中不包括____。

A. 数据压缩技术　　B. 神经元技术　　C. 视频处理技术　　D. 虚拟技术

13. 计算机程序主要由算法和数据结构组成。计算机中对解决问题的有穷操作步骤的描述被称为____，它直接影响程序的优劣。

A. 算法　　B. 数据结构　　C. 数据　　D. 程序

14. 按照软件分类，AutoCAD 软件属于____。

A. 系统软件　　B. 应用软件　　C. 操作系统　　D. 数据库管理系统

15. 下面关于操作系统的叙述中，错误的是____。

A. 操作系统直接作用于硬件上，并为其他应用软件提供支持

B. 操作系统可分为单用户、多用户等类型

C. 操作系统是用户与计算机之间的接口

D. 操作系统可直接编译高级语言源程序并执行

16. 按一般操作方法，下列关于 Windows 桌面图标的描述错误的是____。

A. 所有桌面图标都可以重命名　　B. 所有桌面图标都可以重新排列

C. 所有桌面图标都可以删除　　D. 所有桌面图标样式都可以更改

17. 在 Windows 中，将当前窗口作为图片复制到剪贴板时，应使用____键。

A. Alt+Print Screen　　B. Alt+Tab　　C. Print Screen　　D. Alt+Esc

18. 在 Word 的编辑文档中选取对象后，再按下【Delete】键，则可以删除____。

A. 插入点所在的行　　B. 插入点及其之前的所有的内容

C. 所选对象　　D. 所选对象及其后的所有内容

19. 在下列 Excel 单元格地址描述中，属于单元格绝对引用的是____。

A. D4　　B. &D&4　　C. $D4　　D. $D$4

20. 在 Excel 工作表中，已知 C2、C3 单元格的值均为 0，在 C4 单元格中输入“C4=C2+C3”，则 C4 单元格显示的内容为____。

A.　C4=C2+C3　　B. TRUE　　C. 1　　D. 0

21. 在 PowerPoint 中，如果希望在演示过程中终止幻灯片的放映，可按____键终止。

A.　Delete　　B. Ctrl+E　　C. shift+E　　D. Esc

22. 计算机网络中的服务器指的是____。

A.　32 位总线的高档微机

B. 具有通信功能的PII或奔腾微机

C. 为网络提供资源，并对这些资源进行管理的计算机

D. 具有大容量硬盘的计算机

23. 以下选项中，属于局域网的是____。

A. 因特网　　B. 校园网　　C. 上海热线　　D. 中国教育网

24. 以下选项中，不是合法的IP地址的是____。

A. 122.19.250.46　　B. 19.2.111.1

C. 210.45.256.11　　D. 255.255.255.0

25. 用户在浏览网页时，有些是以醒目方式显示的单词、短语或图形，可以通过单击它们跳转到目的网页，这种文本组织方式叫做____。

A. 超文本方式　　B. 超链接　　C. 文本传输　　D. HTML

26. 当一封电子邮件发出后，收件人由于种种原因一直没有开机接收邮件，那么该邮件将____。

A. 退回　　B. 重新发送

C. 丢失　　D. 保存在ISP的E-mail服务器上

27. 用HTML标记语言编写一个简单的网页，网页最基本的结构是____。

A. <html><head>…</head><frame>…</frame></html>

B. <html><title>…</title><body>…</body></html>

C. <html><title>…</title><frame>…</frame></html>

D. <html><head>…</head><body>…</body></html>

28. 以下描述中，网络安全防范措施不恰当的是 ____。

A. 不随便打开未知的邮件　　B. 计算机不链接网络

C. 及时升级杀毒软件的病毒库　　D. 及时堵住操作系统的安全漏洞（打补丁）

29. 计算机在正常操作情况下，如果出现____现象，可以怀疑计算机已经感染了病毒。

A. 可执行文件长度明显增加　　B. 打印机不能走纸

C. 硬盘转动时发出响声　　D. 显示器变暗

30. 电子商务中，保护用户身份不被冒名顶替的技术是____。

A. 安装防火墙　　B. 数据备份　　C. 数字签名　　D. 入侵检测

二、多项选择题（每题2分，共10分）

1. 对于微型机系统的描述，正确的是____。

A. CPU负责管理和协调计算机系统各部件的工作

B. 主频是衡量CPU处理数据快慢的重要指标

C. CPU可以存储大量的信息

D. CPU负责存储并执行用户的程序

2. 下列存储器中，CPU能直接访问的有____。

A. 内存储器　　B. 硬盘存储器　　C. Cache（高速缓存）　　D. 光盘

3. 在Word中，下列有关“首字下沉”命令的说法，正确的是____。

A. 可根据需要调整下沉的行数　　B. 最多可下沉三行

C. 可悬挂下沉　　D. 可根据需要调整下沉文字与正文的距离

4. 在 Excel 中，下列关于“分类汇总”的叙述，正确的是____。

A. 分类汇总前数据必须按关键字字段排序

B. 分类汇总的关键字只能是一个字段

C. 汇总方式只能是求和

D. 分类汇总可以删除

5. 计算机网络中常用的有线传输介质有____。

A. 双绞线　　B. 同轴电缆

C. 光纤　　D. 红外线

三、打字题（共 10 分）

数据处理也称为非数值计算，是指对大量的数据进行加工处理（如统计分析、合并、分类等）。使用计算机和其他辅助方式，把人们在各种实践活动中产生的大量信息（文字、声音、图片、视频等）按照不同的要求，及时地收集、存储、整理、传输和应用。与科学计算不同，数据处理涉及的数据量大。数据处理是现代化管理的基础。它不仅应用于日常的事务，且能支持科学的管理与企事业计算机辅助管理与决策。以一个现代企业为例，从市场预测、经营决策、生产管理到财务管理，无不与数据处理有关。实际上，许多现代应用仍是数据处理的发展和延伸。

四、Windows 操作题（共 8 分）

注意事项：考生不得删除考生文件夹中与试题无关的文件或文件夹，否则将影响考生成绩。

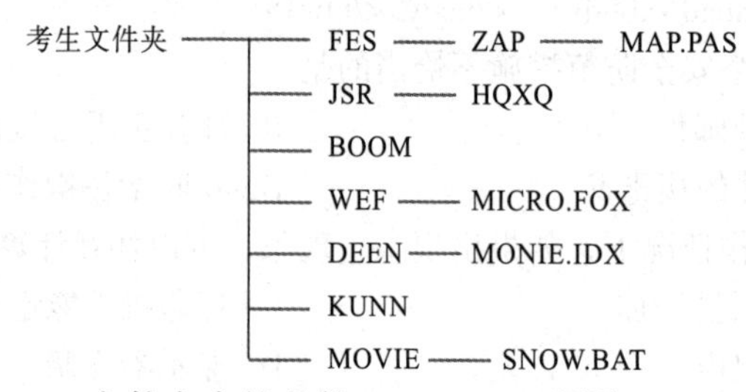

1. 将考生文件夹下 MOVIE 文件夹中的文件 SNOW.BAT 删除。

2. 将考生文件夹下 JSR\HQXQ 文件夹中建立一个名为 MYDOC 的新文件夹。

3. 将考生文件夹下 FES\ZAP 文件夹中的 MAP.PAS 更名为 MAP.ASP，并将其复制到考生文件夹下 BOOM 文件夹中。

4. 将考生文件夹下 WEF 文件夹中的文件 MICRO.FOX 设置为隐藏和只读属性。

5. 将考生文件夹下 DEEN 文件夹“美国航天局……”中的文件 MONIE.IDX 移动到考生文件夹下 KUNN 文件夹中，并更名为 MOON.TXT，同时将其内容写为“2014 北京 APEC 峰会”。

五、Word 操作题（共 18 分）

1. 在第一段“美国航天局……”前面为文章添加标题“登陆火星”，设置为隶书二号字，字符缩放 50%，居中对齐。

2. 设置正文第一段“美国航天局……”首行缩进 2 字符，段前距 1.5 行。

3. 为正文第三段“‘尘暴’就是含有……”设置段落边框，边框为实线线型、线宽 1 磅、蓝色。要求正文距离边框上下左右各 3 磅。

4. 设置文档的白纸为 16 开（18.4 cm × 26 cm）。

5. 添加页眉“神秘的火星”，页眉右对齐。
6. 在文档的最后，添加一个5行4列的表格。

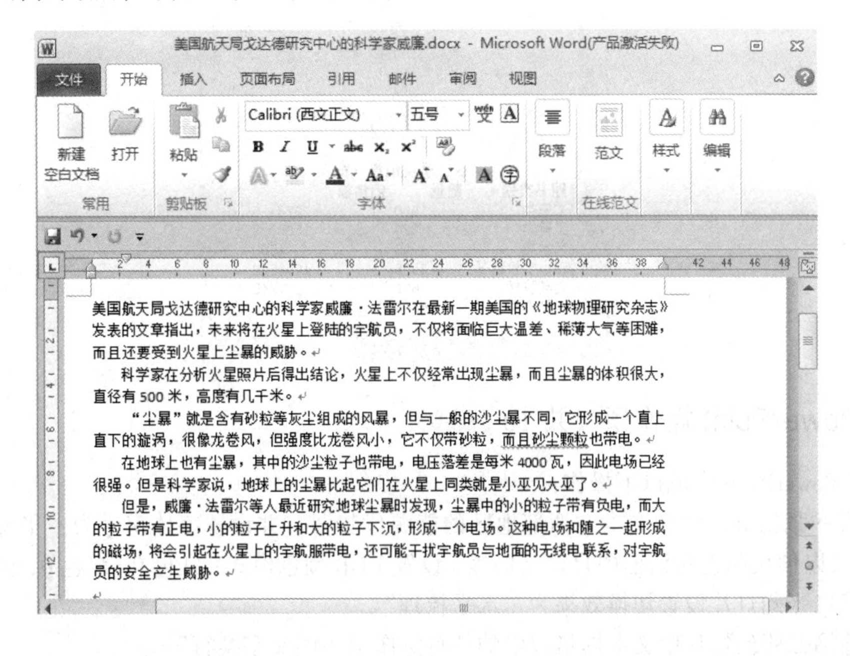

美国航天局戈达德研究中心的科学家威廉·法雷尔在最新一期美国的《地球物理研究杂志》发表的文章指出，未来将在火星上登陆的宇航员，不仅将面临巨大温差、稀薄大气等困难，而且还要受到火星上尘暴的威胁。

科学家在分析火星照片后得出结论，火星上不仅经常出现尘暴，而且尘暴的体积很大，直径有500米，高度有几千米。

“尘暴”就是含有砂粒等灰尘组成的风暴，但与一般的沙尘暴不同，它形成一个直上直下的旋涡，很像龙卷风，但强度比龙卷风小，它不仅带砂粒，而且砂尘颗粒也带电。

在地球上也有尘暴，其中的沙尘粒子也带电，电压落差是每米4000瓦，因此电场已经很强。但是科学家说，地球上的尘暴比起它们在火星上同类就是小巫见大巫了。

但是，威廉·法雷尔等人最近研究地球尘暴时发现，尘暴中的小的粒子带有负电，而大的粒子带有正电，小的粒子上升和大的粒子下沉，形成一个电场。这种电场和随之一起形成的磁场，将会引起在火星上的宇航服带电，还可能干扰宇航员与地面的无线电联系，对宇航员的安全产生威胁。

六、Excel操作题（共14分）

请在Excel中对所给工作表完成以下操作：

1. 将工作表Sheet1改名为“上半年销售统计表”。
2. 在“上半年销售统计表”中计算累计销售额，累计销售额等于一、二季度销售额之和（用求和函数计算）。
3. 将累计销售额所在列数据格式设置为货币（¥），保留一位小数。
4. 为“上半年销售统计表中A2:B8的数据清单添加“田”字形（红色单实线）边框，文字设置为水平居中对齐。
5. 设置“上半年销售统计表”的标题（A1:B1）单元格的字体为黑体，字号为20磅，累计销售额（B2）单元格内填充黄色底纹，填充图案为12.5%灰色。

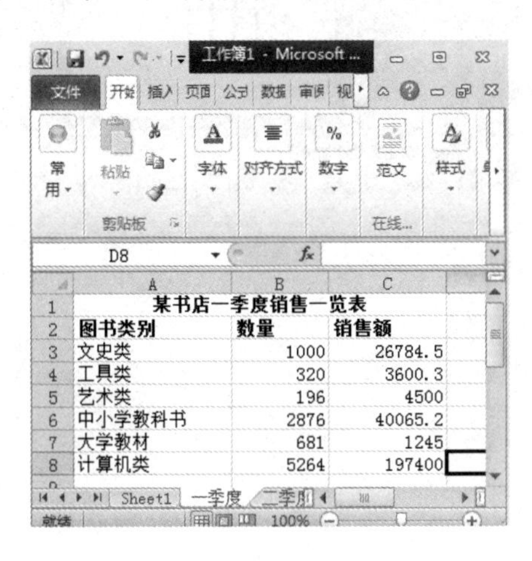

	A	B	C
1	某书店一季度销售一览表		
2	图书类别	数量	销售额
3	文史类	1000	26784.5
4	工具类	320	3600.3
5	艺术类	196	4500
6	中小学教科书	2876	40065.2
7	大学教材	681	1245
8	计算机类	5264	197400

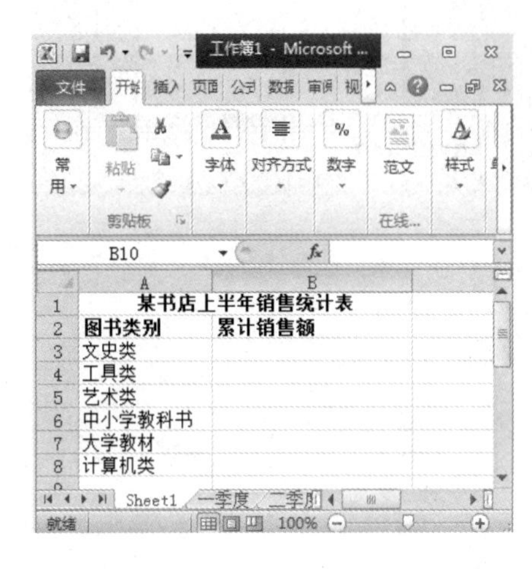

	A	B
1	某书店上半年销售统计表	
2	图书类别	累计销售额
3	文史类	
4	工具类	
5	艺术类	
6	中小学教科书	
7	大学教材	
8	计算机类	

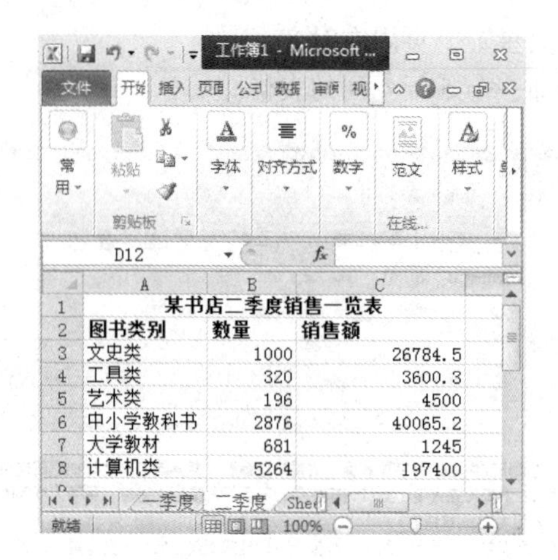

	A	B	C
1	某书店二季度销售一览表		
2	图书类别	数量	销售额
3	文史类	1000	26784.5
4	工具类	320	3600.3
5	艺术类	196	4500
6	中小学教科书	2876	40065.2
7	大学教材	681	1245
8	计算机类	5264	197400

七、PowerPoint 操作题（共 10 分）

请使用 PowerPoint 完成以下操作：

1. 给第一张幻灯片添加文本“西部地区的能源优势”，并设置字体字号为：华文行楷、36 磅、蓝色（可以使用颜色对话框中自定义标签，设置 RGB 颜色模式：红色 0，绿色 0，蓝色 255）。

2. 为第二张幻灯片设置切换效果为“水平梳理”。

3. 去除第二张幻灯片中文本框格式中的“自选图形中的文字换行”。

4. 设置第一张幻灯片中的图表动画效果为“飞入”。

5. 在最后插入一新张幻灯片，并设置新幻灯片的版式为“空白”。

6. 在新幻灯片内输入文字“西部热土”，并为该文本框添加超链接，链接到网址“www.baidu.com”。

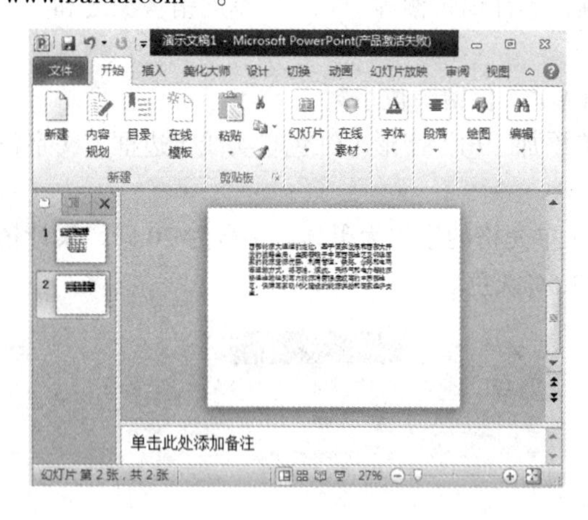

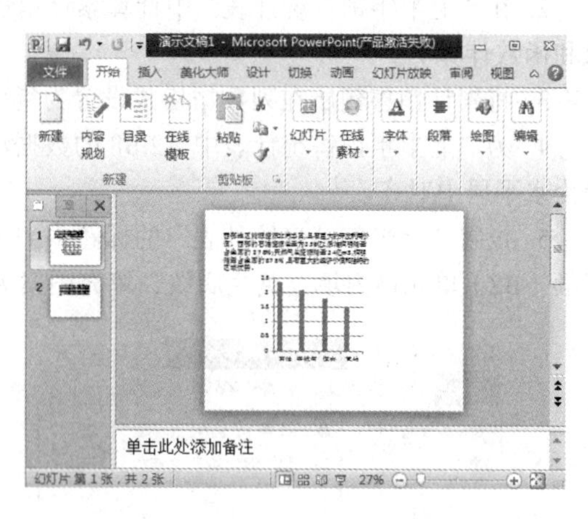

参 考 文 献

[1] 黄艳. 电脑入门实用教程：Windows 7+Office 2010[M] . 北京：清华大学出版社，2013.

[2] 魏仕民. 计算机应用基础[M]. 北京：中国铁道出版社，2014.

[3] 朱昌杰，宋万干. 大学生计算机基础实践教程[M]. 北京：中国铁道出版社，2009.

[4] 王洪香，王萍. 计算机信息技术基础与实训教程[M]. 北京：中国人民大学出版社，2010.

[5] 郑尚志，喻洁. 大学生计算机基础实训与考试指导[M]. 2 版. 北京：中国水利水电出版社，2010.

[6] 北京阿博泰克北大青鸟信息技术有限公司职业教育研究院. 进入多彩的计算机世界[M]. 北京：电子工业出版社，2011.

[7] 北大阿博泰克北大青鸟信息技术有限公司职业教育研究院. 网络技术与应用[M]. 北京：电子工业出版社，2011.

[8] 李俊民，郭丽艳. 网络安全与黑客攻防[M]. 北京：电子工业出版社，2010.

[9] 石淑华，池瑞楠. 计算机网络安全技术[M]. 北京：人民邮电出版社，2008.